经济管理学术文库·经济类

高科技企业
低碳技术创新投资决策研究

The research on low carbon technology innovation
investment decision of high-tech enterprises

王文轲 / 著

U0226228

经济管理出版社
ECONOMY & MANAGEMENT PUBLISHING HOUSE

图书在版编目（CIP）数据

高科技企业低碳技术创新投资决策研究/王文轲著．—北京：经济管理出版社
2015.9（2017.2重印）　ISBN 978－7－5096－3995－5

Ⅰ.①高…　Ⅱ.①王…　Ⅲ.①高技术企业—节能—投资—研究—中国　Ⅳ.①TK01
②F279.244.4

中国版本图书馆 CIP 数据核字（2015）第 239320 号

组稿编辑：王光艳
责任编辑：许　兵　吴　蕾
责任印制：司东翔
责任校对：赵天宇

出版发行：经济管理出版社
　　　　　（北京市海淀区北蜂窝 8 号中雅大厦 A 座 11 层　100038）
网　　　址：www. E－mp. com. cn
电　　　话：（010）51915602
印　　　刷：北京九州迅驰传媒文化有限公司
经　　　销：新华书店
开　　　本：720mm×1000mm/16
印　　　张：10.5
字　　　数：158 千字
版　　　次：2015 年 9 月第 1 版　　2017 年 2 月第 2 次印刷
书　　　号：ISBN 978－7－5096－3995－5
定　　　价：48.00 元

·版权所有　翻印必究·

凡购本社图书，如有印装错误，由本社读者服务部负责调换。
联系地址：北京阜外月坛北小街 2 号
电话：（010）68022974　　邮编：100836

目　　录

1

绪　　论

1.1　低碳技术创新的发展背景与研究视角

1.1.1　低碳技术创新的背景

当前，全球面临气候变化加剧、能源不足和环境恶化等严峻问题，发展低碳经济已成为世界各国重要的战略选择。国外发达国家早已开始从能源、技术、产业及经济政策等方面进行调整，寻求经济发展低碳化目标与模式。低碳经济亦是我国实现经济、资源和环境协调发展的重要途径，是保持经济增长的必由之路。

发展低碳经济要以低碳技术的研究、开发、普及和推广为基础。2007 巴厘路岛路线图将技术创新和扩散作为重要手段。发展、运用和推广先进低碳技术是实现节能减排、低污染，优化能源结构，解决气候、能源和环境问题的根本手段。因此，在我国构建创新型国家的大背景下，需要在低碳经济发展战略指引下可持续地实施技术创新，实现向低能耗、低污染、低排放的经济发展模式转变。

随着工业革命的开展，科学技术在推动生产力发展方面发挥了重要的作用。实现科技革命和技术创新，不论在英、美等发达国家还是在日、韩等新兴工业化国家及地区的现代化进程中，都处于主导地位，发挥着第一推动力的作用。面对经济全球化和产品技术化趋势的不断加快，国际竞争进一步加剧这一现实状况，知识创新、技术创新和高新技术产业化，日益成为影响国家国际竞争力的主要因素（赵昌文等，2009）。

自从 20 世纪初熊彼特（Joseph Alois Schumpeter）提出了"创新理论"以来（熊彼特，1990），越来越多的国家都注意到技术的创新在促进经济增长、提升国家整体经济实力等方面有着举足轻重的作用。在发展低碳经济的大背景下，世界诸多国家纷纷对低碳技术创新的投入与激励给予大力的支持。尤其是一些经济与科技较发达的国家，它们为了使企业的低碳技术创新能够拥有一个良好的人力、经济以及制度的环境，采取了一系列有针对性的措施，并取得了万众瞩目的辉煌成就。

由于经济的全球化、一体化步伐逐渐加快，国内和国外的竞争压力也是企业必须应对的问题，而现代企业之间的竞争已经由资本转向了技术。为适应经济全球化的时代趋势，研发型（Research and Development）项目，在提高经济增长、提升国际竞争力方面发挥着不可替代的作用。随着时间的推移，科技创新日益成为一个国家经济实力乃至一国综合实力最为重要的影响因素。与此同时，研发型项目投资活动对经济结构以及经济增长方式的深刻变革起到了积极的促进作用，逐步成为一国国民经济和社会发展的重要原动力。20 世纪末，由研发型投资活动引发的美国经济的持续强劲增长便是一场新的经济革命。革命的爆发不但巩固了美国在世界经济舞台上的超级霸权地位，而且让人们意识到研发活动对国民经济持续健康发展具有巨大的促进作用。

在发展低碳经济的大背景下，面对资源、环境与经济的协调发展，高科技企业实施低碳技术创新是其在市场中生存与发展的重要手段。无论是从低碳技术研究与发展的经费投入还是从低碳科技研发的执行主体来看，高科技企业在低碳技术研究与发展中起着越来越大的作用。高科技企业十分看重低碳新产品和新技术的研究与开发，主要表现在以下几个方面：首先，研发是高科技企业生存的基础。相对于传统高科技企业，作为典型低碳技术驱动型的高科技企业，要产生销售利润，在市场中立于不败之地，只有不断进行低碳技术研发，推出属于自己的低碳技术产品。其次，低碳技术研发是高科技企业应对环境变化和竞争压力的根本动力。高科技企业通过高附加值的低碳产品和高效率的低碳生产技术获得高额利润。高科技企业要想取得垄断地位也必须进行低碳技术研究开发和技术创新。总的来说，研发新低碳技术和新低碳产品能使产品不断更新换代，使高科技企业在众多竞争者中巩固自身的竞争优势，不断为企业自身的发展增加动力。低碳技术研发是高科技企业不断发展的根源所在。

影响高科技企业自身发展的重要因素之一便是其所拥有的投资机会，其中起着重要作用的便是新低碳技术方面的投资机会。要想在激烈的市场竞争中立于不败之地，关键就在于低碳产品的研究与开发。低碳技术创新方面的投资越来越受到高科技企业的重视，在高科技企业经营与发展中，采取正确的低碳技术创新投资决策策略能够有效提升企业的核心竞争力。高科技企业的低碳技术创新投资决策是一个十分复杂的评估过程，需要考虑低碳投资成本的不可逆性、从低碳技术研发到产业化各个阶段的不确定性、低碳投资的可延迟性、序列投资的阶段性以及低碳市场上高科技企业之间的竞争等各个方面。

由于高科技企业低碳技术创新投资失败致使一部分或者全部成本无法收回，这就是成本的不可逆性。深刻认识低碳投资机会中投资成本不可逆性，会大大提升对投资机会的评价水平，帮助企业做出更加理性和客观的投资决策。

由于外部经济政治环境以及项目本身的许多因素会直接影响投资未来的收益，因此在很多情况下，投资者并不清楚投资未来的收益情况，这就是投资的不确定性。几乎所有的投资都存在着不确定性的一面，高科技企业低碳技术研发项目投资也不例外。高科技企业低碳技术研发项目的高不确定性主要有如下两个方面的表现：低碳技术本身的不确定性与经济及市场的不确定性。完成一个低碳技术研发型项目的投资一般需要经过实验室研发、低碳技术应用开发、申请专利以及最后的低碳技术产业化或市场化等多个阶段。低碳技术研发项目投资过程中的每个阶段所存在的不确定性都具有特殊性，而且每个阶段的不确定性的变化都是动态的。这种动态的不确定性要求企业管理者的战略决策具有高度的灵活性。对于低碳技术研发项目的投资，可以根据市场、竞争对手等多方面的信息来减少不确定性。总之，由于低碳技术创新投资各个阶段具有不同的不确定性因素，因此高科技企业及项目管理者就需要在低碳技术创新项目的投资决策和实施项目的过程中具有柔性。这种项目管理和投资的柔性对低碳技术创新项目的价值能否得到实现有着非常重要的作用。也正因如此，低碳技术创新项目管理和投资的柔性自身就具有重要的价值。从战略角度上看，管理者所做的一切都集中体现了企业战略适应性的不断提高。显而易见，战略适应性也体现了企业的灵活性，因而其也是具有价值的。

在某种特定的情况下，一个公司可能不会有延迟投资的机会，但在一般情况下，延迟投资是有可行性的。低碳技术创新投资者可以采用延迟投资的手段，得到更多不确定性因素的信息。

由于高科技企业完成一个低碳技术研发型项目的投资一般需要经过实验室研发、低碳技术应用开发，申请专利以及最后的低碳技术产业化或市场化几个阶段，因此可以将高科技企业的低碳技术研发项目投资看作包括实验室研发、低碳技术应用开发、申请专利低碳技术产业化和市场化在内的序列投资。一系列的投资决策贯穿于高科技企业低碳技术研发阶段到产业化阶段，不同阶段也都存在着不同的风险、不确定性和投资管理的柔性。

迈克尔·波特（Michael E. Porter）在其著作《竞争优势》中指出：目前所有产业都面临着现存竞争对手的激烈竞争、新的竞争对手的加入、众多替代品的威胁、供应商的砍价能力和客户的砍价能力这五种竞争作用力；企业为了确立其竞争优势都应从技术上改革创新（波特，2005）。《产业组织理论》是 Jeon Tirole 的著作，泰勒尔（Tirole）在其著作《产业组织理论》中说，在不同的产业组织结构或者说市场结构对企业的技术创新活动中，应相应产生不同的激励（泰勒尔，1997）。

总的来说，对于高科技企业投资决策者来讲，大部分低碳技术研发项目投资机会都或多或少地存在垄断性，但是却并不是都具有完全的排他性独占权。因此，竞争一定会存在于想要得到利润的各个企业之中，这是无法避免的。由于竞争的存在，企业在做出低碳技术创新投资决策时，考虑竞争对手动向的同时为低碳技术研发项目投资做决策。

在传统的净现值方法中，企业在做出投资决策时，没有考虑企业决策的灵活性价值。高科技企业面对低碳技术创新投资项目时就有两个选择：要么永不投资，要么立刻投资，这样就低估了低碳技术研发项目的投资价值。同时，如果竞争对手的投资策略发生改变，项目的价值也会随之改变。所以，高科技企业在进行低碳技术研发项目的投资时，除了考虑自己的投资策略，还要考虑竞争对手的反应，这时博弈均衡就完全决定了企业的最优投资策略。这样的策略可以增加企业在竞争中的灵活性。

因此，高科技企业在做出低碳技术创新投资决策时需要将上面所讲的低碳技术研发项目的各种特性融入投资决策框架中。即在高科技企业的低碳技术创新投资决策中，必须考虑低碳技术创新投资成本的不可逆性，考虑低碳技术研发项目可以分为研发、专利申请以及产业化投资等多个阶段，考虑以上不同阶段的低碳技术的诸多不确定性、考虑企业本身会根据低碳技术和市场变化的情况做出灵活的投资决策，甚至延迟投资。企业必须根据这些不确定性的种类与深浅对低碳技术研发项目的价值做出正确客观的评价。同时，在竞争市场结构下，还必须在做出低碳技术创新投资决策时充分考虑竞争对手的反应。以上种种特性都应该在高科技企业低碳技术创新投资决策者的投资决策中加以体现，并能合理解决。

1.1.2　本书的研究视角及意义

本书主要研究在不同的市场结构下高科技企业低碳技术创新的投资决策问题。

（1）针对高科技企业低碳技术的研究、开发、专利以及产业化整个过程所面临的不确定性、不可逆性、阶段性、可延迟性及竞争性，建立系统、完整、同一分析框架下的高科技企业低碳技术创新投资决策分析框架与决策方法。

（2）分析垄断市场结构下的高科技企业低碳技术创新投资决思路与方法。

（3）从高科技企业低碳技术创新投资实践出发，研究低碳技术突破与专利对高科技企业低碳技术创新投资决策的影响。全面客观地研究高科技企业低碳技术突破与专利对低碳技术创新投资决策的影响。

（4）建立垄断市场情况下的高科技企业低碳技术创新研发、专利和产业化系列投资动态、多阶段决策评价模型。

（5）分析竞争市场条件下的高科技企业低碳技术创新研究开发、专利以及产业化投资决策思路与方法。

（6）在竞争市场结构下，分析高科技企业的低碳技术突破与专利对高科技企业低碳技术创新投资决策的影响。考虑不同的新低碳技术采纳策略对高科技企业的低碳技术创新投资的不同作用。

（7）在竞争市场结构下，考虑竞争的作用，分析取得低碳技术突破或专利的高科技企业的低碳技术产业化投资决策问题。

低碳技术创新的研究开发、专利以及产业化投资对于高科技企业的生存和发展具有极其重要的意义。投资活动涉及的方面众多，近年来对高科技企业低碳技术创新研究开发、专利以及产业化投资的研究已经成为学术界的热点。由于高科技低碳技术研发项目投资过程具有诸多不确定性、成本不可逆性、阶段性、可延迟性以及竞争性等特点，低碳技术创新投资决策的制定非常复杂。而传统投资评价方法对评价高科技企业低碳技术创新研究开发、专利以及产业化投资存在种种弊端，无法正确评价和解决投资过程所面临的各种不确定性。

对于高科技企业的低碳技术创新投资决策，首先要认识到，不同的市场结构会对高科技企业投资决策产生不同的影响。拥有低碳技术专利和技术突破的高科技企业就像在垄断市场进行投资；同时，由于低碳技术的不断进步，采用新技术的高科技企业会与市场中已经存在的高科技企业进行竞争，因此必须考虑在竞争情况下高科技企业的低碳技术创新投资决策。根据不同的市场结构，高科技企业低碳技术创新投资决策者需要做出不同的投资决策方法。

对于垄断市场，由于不用考虑竞争对手的投资决策，因此只需要考虑高科技企业低碳技术创新投资的技术和市场的不确定、投资的不可逆以及可延迟性。在竞争市场中，每个高科技企业在做出低碳技术创新投资决策时必须考虑竞争对手的决策，双方在抢先与跟随甚至是共同投资之间要做出最优的决策。不同的市场结构下，高科技企业低碳技术项目的投资具有不同的特征，而采用恰当的能够充分考虑以上各种特征的低碳技术创新投资决策分析方法就至关重要。

高科技企业的生命就在于技术突破，低碳技术可以帮助高科技企业迅速占领市场，取得垄断利润。而对于跟随者而言，采用更新的低碳技术来与领先者进行竞争是制胜的法宝。无论是垄断市场还是竞争市场，低碳技术突破与专利对高科技企业低碳技术创新投资决策的影响都是巨大的，深入分析低碳技术突破与专利对高科技企业低碳技术创新投资决策的影响有助于高科技企业的低碳技术创新投资决策的制定。

高科技企业低碳技术创新投资的技术与市场等不确定性、投资不可逆性、可延迟性都使得高科技企业的低碳技术创新投资是分阶段进行的。分阶段的投资可以让高科技企业低碳技术创新投资有更多的柔性，可以根据市场和低碳技术本身的变化来不断调整投资策略。高科技企业低碳技术创新项目投资很多情况下都分为低碳技术研究开发、专利以及产业化等不同的过程，不同的阶段具有不同的低碳技术以及市场的不确定性。而在垄断市场情况下，低碳技术研发、专利以及产业化是一个序列投资的过程。到达不同的阶段，企业可以根据低碳技术和市场的情况作出停止或者继续进入下一个阶段的选择。高科技企业在低碳技术研发、专利以及产业化的各个阶段都存在竞争，因此低碳技术创新投资具有多阶段特征。无论是垄断还是竞争市场，多阶段的投资都将深刻地影响高科技企业的低碳技术创新投资决策。如何在低碳技术研究开发、专利以及产业化等多个具有不同特征的阶段做出正确的低碳技术创新投资决定，如何在各阶段中充分考虑竞争对手的投资策略，都是高科技企业低碳技术创新投资决策者要面临的问题。

无论是在垄断还是竞争市场，高科技企业投资决策者都必须考虑多阶段的低碳技术创新投资和低碳技术突破与专利对高科技企业低碳技术创新投资决策的影响。多阶段的决策实际上是投资决策中的不确定性、可延迟性以及不可逆性的综合表现和高度凝结。低碳技术创新投资的不可逆、可延迟性、市场和低碳技术的不确定性使得高科技企业的低碳技术创新投资需要分阶段进行，以便更好地实现高科技企业低碳技术创新投资收益最大化和风险最小化。而低碳技术突破与专利是高科技企业低碳技术项目投资的核心生命力，是高科技企业本身的要求和目标。高科技企业的多阶段投资和低碳技术突破与专利是高科技企业低碳技术创新本身所具有的特征。典型的多阶段就是低碳技术研究开发、专利以及产业化多个阶段。而专利本身就是一种低碳技术突破的结果。

市场结构、垄断市场的高科技企业低碳技术创新投资决策、竞争市场的高科技企业低碳技术创新投资决策、低碳技术突破与专利和多阶段，这些问题体现了高科技企业低碳技术创新投资的主要特征。它们层层递进深入、交叉互动，共同构成了高科技企业低碳技术创新投资决策者在做出投资决策时必须考虑的因素，也形成了解决高科技企业低碳技术创新投资决策问题的基本分析要点和思路。

本书的研究力求得出针对高科技企业低碳技术创新投资的完整准确的投资决策体系，能够对高科技企业低碳技术创新投资做出全面准确的决策评估。因此，本书的研究具有极大的理论研究价值和实际指导意义，使高科技企业的投资更加完善。

当前，世界各发达国家积极实施低碳技术创新，美国、欧盟各国和日本均积极制订低碳技术开发计划。我国低碳技术的创新能力比较薄弱，低碳技术在很大程度上需要从发达国家引进。低碳技术创新面临着极高的技术、市场及政策风险。由于低碳技术具有多领域、多学科交叉融合的特点，极大的技术创新投入与极高的技术、市场不确定性使低碳技术创新面临巨大的困难。本书以不同市场结构高科技企业低碳技术研究开发、专利以及产业化投资的研究为基础，对高科技企业低碳技术创新投资项目的价值给予更为客观、准确以及深刻的评价，对于投资各个阶段的不确定性以及企业之间的竞争性对低碳技术创新投资的影响进行准确适当的评估，从而进行有效的低碳技术项目投资风险管理，与此同时，更拓宽了企业战略决策制定的视野。

本书的研究成果有利于高科技企业低碳技术项目的决策人及管理

者采取更为新颖的思维方式和更有现实意义的操作平台，使低碳技术项目投资的决策人和管理者在进行项目投资决策和管理时更具柔性，从而对各种资源进行更加完善的配置，实现投资项目的价值最大化。

实施低碳技术创新对发展低碳经济、发展创新理论及提供政策建议与实践指导都具有极其重要的理论与现实意义。低碳技术创新理论与方法的研究为进一步推动创新型国家的构建并为可持续地实施技术创新，实现向低能耗、低污染、低排放的经济发展模式转变提供理论与政策建议。

1.2 研究方法与技术路线

1.2.1 研究方法

本书的研究是以问题为导向的跨学科式的理论研究。在研究中，将主要援引技术创新理论、金融学理论、管理学理论、实物期权理论、博弈理论、投资学理论、数学等理论的认识成果和思想方法，并尽可能追求学术思想上的融通，以解决本书所关心的问题。本书的研究方法主要有：

1.2.1.1 定性与定量相结合的研究方法

本书主要研究的是不同市场结构下的一系列高科技企业低碳技术研发、专利、产业化投资决策问题。高科技企业自身以及市场的各种不确定性和市场的竞争性使得高科技企业的低碳技术创新投资决策异常复杂和艰难，而对于正确地描述这些不确定性以及客观准确地做出低碳技术项目投资决策，就必须借助数学模型。实物期权和博弈论本身就需要通过数学中清楚的逻辑关系进行表达，由于存在各种不确定性的投资评估问题，整个高科技企业低碳技术创新投资决策模型必然会比较复杂。同时为了使本书分析的低碳技术创新投资决策模型更直观、更便于理解和更有利于进行实际投资决策，本书同时尽可能地挖掘和分析隐含于各种结论中的经济意义。因此，本书的研究体现了定量研究和定性研究相结合的研究方法，着重探讨高科技企业低碳技术创新投资各个阶段的价值确定以及相关的低碳技术创新投资决策问题，定性方法起到描述性的分析和阐述作用。这主要是由于所有高科技企业低碳技术创新投资的最终都必须归结为一定的价值范畴，才会对高科技企业低碳技术创新投资决策产生积极的支持作用，而一般的定性分析只有助于使高科技企业管理者对问题有一个框架性的认识。因此，本书的研究方法也是遵循这一规律，以定性分析为前提，进而展开定量研究，力图在假设条件下，通过对模型的分析和推导，产生具有逻辑性的结果或者结论，争取得到一些定性的结论。

1.2.1.2　定性分析与模拟数值分析

首先，由于不同市场结构下的一系列高科技企业低碳技术研发、专利、产业化投资决策问题主要是建立在连续时间下，因此主要使用迪科斯特（Dixit）和皮德克（Pindyck，1994）提到的动态规划或有要求权方法进行定量与定性分析。

其次，由于本书主要是针对不同市场结构下的一系列高科技企业低碳技术研发、专利、产业化投资决策的均衡问题进行分析，因此在定量与定性分析的基础上会用模拟数值进行分析结果的评估验证。尤其是很多结论难以使用解析表达式进行分析时，数值模拟就可以充分地说明问题。

1.2.2　研究的技术路线

图 1-1 为本书的研究思路的框架。

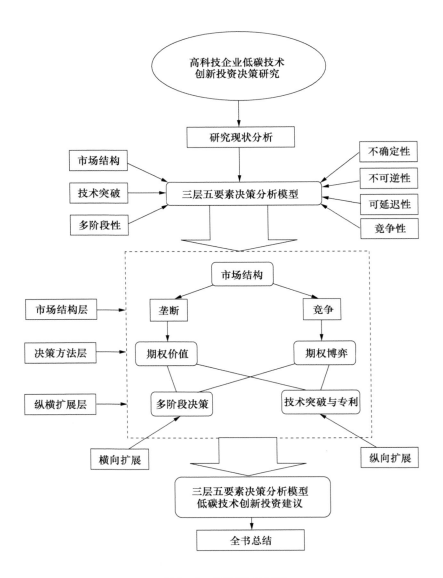

图 1 - 1　研究思路框架

1.3 研究的主要内容及创新

1.3.1 研究的主要内容

本书内容共分 7 章，各个章节具体内容如下：

第 1 章为绪论，主要阐述高科技企业低碳技术创新研究的意义、目前国内外对本书所涉及研究对象的研究现状、研究的创新点、研究结构以及主要使用的研究方法，使读者快速全面地了解本书的全貌和框架，定位本书的研究价值。

第 2 章详细论述传统高科技企业研发项目投资方法的局限性，进而提出实物期权方法较之这些方法的优势。回顾研发投资决策理论，并对实物期权理论进行详细的文献综述，总结实物期权分类和定价方法，回顾实物期权理论在国内外的应用研究状况。结合市场的竞争性，对期权博弈理论在高科技企业研发、专利以及产业化方面的应用进行系统的回顾与总结。

第 3 章在对高科技企业所处的市场结构进行分析的基础上，详细地阐述了高科技企业低碳技术创新投资本身所具有的技术和市场的不确定性、投资成本的不可逆性、投资的可延迟性以及竞争性，进而论述了高科技企业低碳技术创新投资所采用的多阶段投资的模式以及低碳技术突破与专利对高科技企业的低碳技术创新投资产生的巨大影响。在此基础上，根据高科技企业低碳技术项目本身的特征，构建了高科技企业低碳技术创新投资决策的三层五要素决策分析模型。市场结构层、决策方法层和纵横扩展层，层层深入。市场结构、实物期权价值、期权博弈、低碳技术突破与专利和多阶段构成了三个层次中五个最重要的分析要素。以上三个层次层层递进，五个要素与三个层次交叉互动，共同构成了高科技企业低碳技术创新投资决策全方位立体分析体系和模型，将高科技企业的低碳技术创新投资决策纳入一个框架里进行解决。本书将在三层五要素决策分析模型的基础上对高科技企业的低碳技术创新投资决策进行研究，力求得出针对高科技企业低碳技术创新投资的完整准确的投资决策体系和方法。根据三层五要素模型分析的市场结构层，结合高科技企业低碳技术创新投资项目的特征，将市场结构分成垄断和竞争两种，进行分别研究处于垄断市场和竞争市场的高科技企业的低碳技术创新投资决策问题。

第4章主要研究垄断市场结构下的高科技企业低碳技术创新投资决策问题。根据三层五要素决策分析模型，首先使用决策方法层的实物期权方法对高科技企业低碳技术研发项目进行价值评估。接下来根据三层五要素模型的第三层对决策方法进行横向和纵向的扩展。对高科技企业获取低碳技术突破与专利及多阶段投资决策问题进行研究。构建了基于实物期权理论的低碳技术研发投资动态、多阶段决策评价模型。

第5章根据三层五要素决策分析模型，主要研究竞争市场的高科技企业低碳技术研究开发、专利以及产业化投资决策问题。首先，采用现有的期权博弈模型分析高科技企业之间的竞争策略。然后研究低碳技术突破与专利对于竞争市场情况下高科技企业低碳技术创新投资决策的影响。考虑多阶段性要素，研究高科技企业在竞争市场条件下的低碳技术研发、专利以及产业化投资的多阶段投资决策问题。

第6章在以上分析的基础上，根据三层五要素模型的分析给出了高科技企业的低碳技术创新投资决策建议。以期能够指导高科技企业做出合理的低碳技术创新投资决策。

第7章就研究所得到的一些模型及研究结论进行了总结并指出了进一步研究的内容和方向。

1.3.2 研究的主要创新点

本书在众多的企业研发投资及技术创新投资研究成果的基础上，针对高科技企业在不同市场结构下的低碳技术研究开发、专利以及产业化投资决策这一主题进行研究，与前面关于这一主题的研究结果相比，在以下几个方面有所创新和发展：

第一，本书在对高科技企业所处市场结构的分析的基础上，同时考虑高科技企业低碳技术创新投资本身所具有的技术和市场的不确定性、投资成本的不可逆性、投资的可延迟性以及竞争性，结合高科技企业低碳技术创新投资采用的多阶段投资模式以及低碳技术突破与专利对高科技企业投资产生的影响，根据高科技企业项目本身的特征，构建了高科技企业低碳技术创新投资决策的三层五要素决策分析模型。该决策模型构成了高科技企业低碳技术创新投资决策全方位立体分析的体系和模型，将高科技企业的低碳技术创新投资决策纳入一个框架里进行解决。

第二，在垄断市场结构下建立了完整、准确的高科技企业低碳技术研究开发、专利以及产业化多阶段动态投资决策模型。对具有高风险性和灵活性的高科技企业低碳技术项目投资进行了分析和评价，结合高科技企业低碳技术研发项目投资的阶段特征和动态序列性，建立了以复合实物期权为基础的高科技企业低碳技术创新动态多阶段投资决策模型。

第三，研究了高科技企业在获得低碳技术突破后的不同策略对高科技企业低碳技术创新投资的影响。分别构建了高科技企业获取专利保护而公开（部分）低碳技术再进行产业化，和不申请专利而在研发成功低碳技术保密状态下直接进行产业化的两种投资决策模型。这种分类将使对高科技类项目的评价更加客观、全面，也可以作为对高科技企业降低低碳技术项目运作不确定性风险的建议。

第四，考虑高科技企业低碳技术研发竞争的先动优势，低碳技术突破的后发优势以及产业化等多阶段投资的决策问题。从领先和追随两个不同的角色出发，针对高科技企业的低碳技术研发、专利以及产业化各个阶段提出了高科技企业低碳技术创新投资的系列投资策略和建议。同时将高科技企业的产业化投资分成初始投资和追加投资两个阶段。这种分段的投资决策思想实际上可以让高科技企业动态地进行低碳技术创新投资管理，以实现利益最大化。

第五，根据本书提出的高科技企业低碳技术创新投资决策的三层五要素模型，给出了高科技企业的低碳技术创新投资决策建议，以期能够指导高科技企业做出合理的投资决策。

2

低碳技术创新投资决策

2.1 低碳经济

斯特恩（Nicholas S. 2007）教授通过《气候变化的经济学》一文倡导大力发展低碳经济。联合国呼吁发展低碳经济实现全球经济的增长并应对气候环境变化的挑战（赵志凌等，2010）。低碳经济已经成为世界范围内发展经济的首选模式，最终将对人类社会经济和生活方式产生革命性影响（张坤民，2008）。

国外对低碳经济的研究较早，一些发达国家已经从宏观政策的各个方面进行调整并采用了低碳经济的发展模式（John Prescott，2007）。国外有关低碳经济的研究主要关注二氧化碳的排放量与经济增长及人均收入之间的关系等诸多方面（Gossman G，Krueger A，1995；Ankarhem M，2005；Friedl，Getzner M，2003；Grubb，2004）。特莱福（Treffers，2005）认为采取相应政策可以同时降低温室气体排放和实现经济增长。卡沃斯（Kawase等，2006）分析了二氧化碳排放量变动的主要因素。不同碳税政策对企业竞争力的影响也是学者们研究的热点（Zamparutti A，Klavens J，1993；Tezuka T，Okushima K，Sawa T，2002）。另外，学者们认为技术创新对降低温室气体浓度有显著作用（Edmonds J，Clarke J，Dooley J，et al.，2004）。

在我国，学者首先对低碳经济的本质、概念与意义进行了理论探讨（庄贵阳，2005；谢军安等，2008；鲍健强等，2008）。目前，学者们主要是从低碳经济的发展模式、影响因素、政策建议、碳排放、技术创新及低碳经济与其他经济主体关系（赵黎明等，2015）等诸方面开展低碳经济的研究工作。

徐君等（2014）对资源型城市低碳转型路径进行了设计。涂建明（2014）建议通过将企业碳预算制度化发展低碳经济。徐玖平和李斌（2010）构建了低碳模式的综合集成理论框架。王长贵（2015）分析了沿淮地区城市发展低碳经济存在的问题，提出了淮南市发展低碳经济的政策建议。姜钰（2012）研究表明国有林区低碳循环技术、低碳排放能耗方面水平较低。王志亮和王玉洁（2015）构建了低碳经济发展水平的评价指标体系，分析发现高新技术企业在低碳经济建设中作用明显。毕克新等（2013）从低碳技术的角度出发剖析了低碳经济背景下的低碳技术观，对低碳知识创新体系进行了阐述。陈琼娣（2013）提出了基于词频分析的清洁技术专利检索策略，并进行了验证。徐建中和吕希琛（2014）针对政府、制造企业和消费者进行演化博弈分析，探索低碳经济背景下各主体决策的演化路径和规律。

我国是世界上温室气体排放大国（Boffey P M，1993），其中主要的原因就是能源生产和利用技术落后。技术创新在减少碳排放以及环境治理方面已经发挥了重要的作用（Oltra V，Jean M S，2005）。实现低碳技术创新、推广和应用低碳技术是实现节能、减排、低污染，发展低碳经济的重要途径（张坤民等，2008）。因此，在构建创新性国家的大背景下，基于低碳经济的发展战略，企业有必要可持续地实施低碳技术创新，实现向低能耗、低污染、低排放的经济发展模式转变。

但是当前关于技术的研究主要关注低碳技术科技本身，从技术创新层面研究低碳经济发展思路的很少。尤其是对定量研究微观经济主体的企业参与低碳经济下的技术创新行为以及企业在低碳理念下技术创新行为的研究很少。这也是本书研究的切入点和意义所在。

2.2 低碳技术创新

技术创新在减少碳排放及节能方面起着关键性作用（Oltra 和 Jean，2005）。布莱丹（Brebdan）、哈里（Haley，2015）对加拿大魁北克电动汽车低碳创新发展的影响因素进行分析，提出了相应的发展建议。坎瓦罗（Eugenio Cavallo，2014）对意大利农业部门采纳技术创新的态度和行为进行了分析并对技术创新的推广提出了建议。王禅媛（Chan – Yuan Wong）等（2014）对低碳能源技术的创新模式进行了研究分析并得出相应政策建议。

从系统角度研究，陆小成和刘立（2009）指出，低碳技术创新是一个系统，需要协调技术、生产和市场各方要素进行合作创新。蒋天颖等（2014）研究发现集群企业网络嵌入对技术创新的影响是间接的，低碳技术创新需要建立社会支撑体系以促进低碳技术的扩散。陈文婕（2010）对发展低碳产业的策略进行了研究并提出通过构建创新网络来推动低碳产业发展。游达明和朱桂菊（2014）构建了政府和企业间的动态博弈模型，分析了不同竞合模式下企业生态技术创新研发投入和政府最优补贴政策。吴绍波和顾新（2014）研究认为，战略性新兴产业创新生态系统需要选择多主体共同治理模式，实现协同创新。孙冰和袭希（2012）引入 kene 理论，提出知识密集型产业技术的适应性演化新观点，构建仿真模型对技术的演化过程进行模拟并揭示了其复杂的适应特征。

在低碳技术创新的动力因素方面，赵淑英和程光辉（2011）的研究也表明政府政策对于企业低碳技术创新具有非常重要的推动作用。侯玉梅和朱俊娟（2015）构建了政府与企业之间的多任务委托—代理模型，并设计了政府对企业参与节能减排的激励机制。

在低碳技术创新项目评价方面，李先江（2015）通过构建模型分析了顾客绿色抱怨对企业绿色产品创新的机理。

当前关于技术的研究主要关注低碳技术科技本身，从技术创新层面研究低碳经济发展思路的很少。国内学者大多采用理论分析和数据描述分析低碳技术创新的概念特征、驱动因素和促进措施，缺少细致深入的实证及量化研究和案例研究。

2.3 低碳技术创新投资评估

低碳技术研究开发、专利以及产业化投资对于高科技企业生存和发展有重大意义。投资活动涉及的方面众多，近年来对高科技企业研究开发、专利以及产业化投资的研究已经成为学术界的热点。由于高科技企业低碳技术研发项目投资过程具有诸多的不确定性、成本不可逆性、阶段性、可延迟性以及竞争性等的特点，导致高科技企业的低碳技术创新投资决策的制定非常复杂。而传统投资评价方法对评价高科技企业的低碳技术创新研究开发、专利以及产业化投资又存在种种弊端，无法正确评价和解决投资过程中所面临的种种不确定性。

近年来，使用实物期权方法处理具有诸多的不确定性和战略柔性的投资决策问题已经成为国内外学术界研究的热点和前沿问题。实物期权方法在研发项目投资领域中的研究和应用已经非常普遍。与传统的 R&D 投资模型相比，实物期权 R&D 投资模型具有一定的差异性。首先，实物期权在对项目价值产生影响的不确定性的描述上更加准确和符合实际。其次，投资决策中面临的各种不确定性可以通过实物期权动态地体现出来，而且充分体现了随机性。因此，需要更关注投资的时机，并作为评价企业创新积极性和政府政策效果的依据。最后，实物期权 R&D 投资模型更有利于帮助决策者考察市场风险对其投资行为的影响。但是通常情况下，R&D 会涉及多阶段的投资决策，多阶段实物期权模型求解是比较复杂的，因为要考虑到不同阶段期权之间价值的相互影响。相应地，问题研究的难度随着技术不确定性和竞争双方的交互等复杂因素逐步加大。近十年，项目定价和理论研究逐步成为了基于实物期权的技术创新 R&D 的主要研究方向。

为了替代标准的实物期权方法来满足竞争条件下投资战略与投资时机的制定，便引入了研究投资与竞争问题的期权博弈理论的方法。目前，该方法已成为在不确定环境与竞争条件下解决项目战略投资分析领域问题的热点之一。随着对理论方法研究的逐步深入，在房地产开发、IT、电信、石油及矿业开采等行业，国外学者以及实业界对期权博弈理论的实证研究和案例分析也迅速发展起来，同时这些实例也为获得实践支持以及完善理论基础提供了重要的现实依据。

2.4 研发项目投资的实物期权评估方法

2.4.1 研发投资的实物期权评估决策方法综述

近年来，国际管理科学与工程和研发管理等领域的前沿研究方向之一是实物期权及其在高科技企业研发项目投资领域中的研究和应用。

实物期权概念是由梅耶思（Myers，1977）提出的，而布莱曼（Brennan）和斯沃茨（Schwartz，1985）、麦克唐纳（McDonald）和恩格尔（Siegel，1986）等学者对其进行了进一步的研究和深入的发展。通过迪科斯特（Dixit）和皮德克（Pindyck，1994），提格思（Trigeorgis，1995，1996）、阿姆安（Amram）和库累提兰卡（Kulatilaka，1999）、卡皮兰德（Copeland）和安提卡罗（Antikarov，2001）等对实物期权相关方面的研究和应用进行了全面评述、深入总结和广泛应用。

国内外众多的研究主要侧重于对开发过程全程中的各种不确定性对企业投资策略、创新时机和企业间竞争交互策略影响的研究以及针对 R&D 项目进行定价。斯沃欧（Schwartz）和慕思（Moon，2000）对皮德克的模型进行了改进，在其基础上对研发投资进行了估价。赫则梅尔（Huchzermeier）和路茨（Loch，2001）详尽分析了决策者在一个 R&D 项目中要面临的五种不确定性：项目预算、市场回报、市场需求、产品性能以及项目完成时间。通过分析以上不确定性，得出其对管理柔性的价值的不同影响。考特（Kort，1998）在一些条件不确定的情况下，对单个企业的最优的 R&D 投资行为进行了研究分析，发现各种有价值的不确定性会影响 R&D 投资的价值，尤其是在项目的初期，这种不确定性会对研发投资造成更大的影响。派尼斯（Pennings）和林特（Lint，1997）对企业 R&D 项目进行了定价，并且认为企业在经营过程中的现金流变化并不像传统的几何布朗运动所描述的那样。皮力茨（Perlitz）、派斯特（Peske）和斯查瑞克（Schrank，1999）对实物期权定价在 R&D 项目评价中的应用前景展开了较为完善的综述。林特欧（Lint Onno）和派尼埃瑞克（Penning Enrico，1998）的研究认为，由于存在技术和市场的不确定性以及预期的投资的净现值，分阶段进入是有价值的。斯沃茨和高瑞斯提（2003）研究了企业投资研发项目和购买项目的问题，并对相应的投资进行了价值评估。

对于处于技术创新前期的研发投资，为了保护技术创新提供者的合法权益，一般作为一种知识产权借助专利制度来避免竞争者的模仿。因此，研发投资决策与专利投资研究密不可分。

占领市场是专利制度最主要的作用。市场对于企业的生存来讲是至关重要的。而从法律的角度上来说，用专利的独占权占有市场，对企业在市场竞争中取胜起着重要作用。另外，专利权作为一种竞争的手段，具有新颖性、实用性、创造性的特性，这些特性决定它不能被重复授权。对于企业来讲，在市场经济里经营和运作，为了使产品更富有竞争性、创新性，企业只有不断提高产品的技术含量。技术或产品的研发投资和产业化投资时机会通过这种专利的独享权利和其他不确定性因素交织在一起受到影响。

维茨（Weeds，1999）建立了两阶段投资决策模型，在模型中，专利的获取在研究开发阶段进行，而将专利变成产品产生价值是在产业化阶段实现的。其研究认为，排除妨碍竞争的说法，获得专利后不要马上进行开发，等待更好的时机是比较明智的选择。当然，从某种角度讲，这种方式使得技术创新的扩散变得更加缓慢。斯沃茨（2004）使用数值仿真的方法分析了专利的研发过程并进行了定价研究。莱科斯曼（Laxman）和安格瑞沃（Aggarwal，2003）对专利的定价进行了应用性研究。

研发项目的投资一般都具有多个阶段，而复合期权就为描述这种多阶段性提供了工具。盖斯科（Geske，1979）对复合式期权的定价问题进行了研究，其研究为进一步的理论发展奠定了基础。R&D 项目被赫特（Heart）和派克（Park，2002）划分为包含具有不同风险和不确定性特征的 R&D 阶段、产业化阶段、第一次扩张和第二次扩张多个阶段。为了说明实物期权方法比其他方法更适合于 R&D 项目投资分析，他们以无风险套利定价模型和决策树作为基础，建立 R&D 项目的实物期权评价模型，并作了实证研究。李（Lee）和派克森（Paxson，2001）重点观察随着研发的不断深化，在研发的各个阶段，项目支出的模式及潜在的收益情况给期权价值带来的影响。伯克（Berk）等（2004）详尽分析了技术和成本的不确定性所带来的技术风险，市场不确定产生的市场风险，环境因素的不确定造成的技术失效风险以及研发失败的风险。在项目研发的每一个阶段，投资者都会根据情况做出项目是否封存、放弃或继续投资的决策。

迪科斯特和皮德克（1994）分析了在进行多阶段投资时所采用的实物期权分析方法，并对各个阶段的不确定给项目价值带来的影响进行了分析，由此判断是否执行投资策略。福瑞德（Friedl，2002）扩展了迪科斯持和皮德克（1994）的研究，深入分析了序列投资问题并对投资时机进行了探讨。斯沃茨（2004）、米尔特森（Miltersen）和斯沃茨（Schwartz，2003）分析了专利研发的多阶段投资问题，并探讨了企业间专利投资的竞争问题。

2.4.2 国内相关研究

实物期权的研究在中国起步比较晚，但近年来却得到国家自然科学基金的多项资助，引起了学者越来越多的关注。在战略研究方面，研究人员基本上从实物期权方法与传统投资决策方法的不同点展开，同时也在不同领域引入期权思想进行阐述。许多学者将实物期权作为一种方法对投资项目进行评价，也初步尝试了实物期权方法的具体应用。

国内研究实物期权较早的先行者是范龙振和唐国兴（1998），他们针对投资决策、经营柔性以及投资机会的价值进行了研究，分析了投资决策受投资时间选择权的影响，并给出了投资时间选择权所带来的投资机会的价值及其相对应的投资决策方式。

陈小悦和杨潜林（1998）在实物投资领域针对传统估值模型不能准确评估投资项目中的灵活性的问题，采用期权定价理论并使用离散模型和连续模型对实物期权进行估值。

赵秀云等（2000）结合期权定价方法改进了净现值模型。刘英和宣国良（2000）指出了以往的投资决策方式相对于战略投资决策方法的不足，认为导致低估战略投资价值的原因是传统的资本投资决策方式仅仅是简单地将决策之初预测的项目现金流折现求和，忽略了投资时机的选择，忽略了投资项目中的柔性价值，忽略了项目将来成长机会的价值。

戴和忠（2000）认为R&D项目应该被视为复合的现实期权，在此基础上对实现期权涉及的一些因素进行了分析，指出考虑了灵活性是实物期权方法的优点。

沈玉志和黄训江（2001）等运用期权定价公式，搭建了投资项目期权定价模型，并在此基础上建立了新的净现值（NPV）决策模型。

张维和程功（2001）分析了得到的信息以及处理信息的策略在实物期权理论中的重要性。阐述了在投资决策中什么时候应该使用实物期权方法，构建了数理模型并指出了实物期权理论的一些不足之处。

在实物期权的使用上，齐安甜和张维（2001）利用实物期权的评价方法，讨论了利用实物期权的理论方法来解决并购风险问题。

简志宏和李楚霖（2001）利用实物期权估价方法在考虑公司所得税的情况下，剖析了杠杆公司破产和纯股票融资公司倒闭的决策问题，研究了破产后债权人选择破产运营和破产清算的决定和策略，并计算出了公司破产和倒闭的临界值。

薛明皋和李楚霖（2002）运用动态规划和实物期权的定价方法和思想，在随机控制的框架之下分析并给出了高科技企业公司的价值方程，随之研究了各个参数对高科技企业公司价值的影响。

胡飞和杨明（2002）考虑技术成功的不可预见性导致产品价格突然改变的不确定性的特点，利用几何布朗运动——跳跃过程来模拟产品价格的波动模式。采用实物期权方法评估项目的价值和最优投资原则，分析了跳跃参数变化是如何影响项目投资决策的。

杨春鹏和伍海华（2002）指出产品生产过程中的管理风险和产品投放市场后的市场风险，以及从购买专利并生产出专利权的产品这一时间段内所面临的市场变化，认为所有不确定因素都会影响专利权的产值。

刘金山等（2003）研究了何时进行企业项目投资最优以及何时进行研究与开发对企业价值最大的问题，并得出了等待时的价值以及进行研究与开发的价值。

蔡坚学和邱菀华（2004）在信息熵理论的基础上构建了实物期权价值评估模型，详细阐述了该模型的特征，并分析了信息在决策中的地位。

蔡晓钰等（2005）研究了在随机房地产价格条件下出售房产的实物期权求解问题。杨春鹏等（2005）运用概率方法对放弃期权与增长期权间的相互作用关系给予了恰当分析，并且给出了详细的解析计算公式。刘向华和李楚霖（2005）在风险中性概率测试中，在实物期权理论的基础上，对公司债务以及内生破产问题进行了研究。

范利民等（2004）在假设不完全专利保护的条件下，认为专利技术可以减少生产成本。晏艳阳（2000）、刘军和龙韬（2005）考虑了专利的执行时限，对专利价值进行了评估，对预期收益现值和波动率等参数的计算和选择做出了说明。黄生权（2006）也利用实物期权方法对专利权的价值评估进行了讨论。

薛明皋和龚朴（2006）考虑到在申请专利前的研发过程中会遇到的不同风险，设置两个假定：一个是在研究过程中无法解决的技术上的问题发生所服从的泊松（Possion）过程；另一个是申请专利之前，竞争对手抢先研究并申请了专利，这种事件的发生也服从泊松过程，在此假定的基础上构建了对专利项目进行价值评估的模型。

高坤等（2007）建立了基于实物期权的项目投资决策分析模型，在模型中考虑了项目投资中未来收益和投入成本的不确定性。

陈涛等（2009）提出了基于模糊理论的实物期权风险评估方法，并通过案例说明了该评估方法的应用。

王文轲和赵昌文（2010）建立了基于实物期权理论的研发投资动态、多阶段决策评价模型。结合案例进行了数值计算，对其中的参数给出了确定的方法并详细阐述了模型中各参数对投资决策的影响。

谭跃和何佳（2001）运用布莱克（Black）—舒尔斯（Scholes）期权定价模型针对3G实物期权对中国移动通信公司和中国联通通信公司的价值进行了研究。

邢小强和焦睿（2011）从实物期权理论角度出发，对新技术项目中不同类型的不确定性及其解决方式对新技术预期收益与成本的影响进行了研究，揭示了新技术投资行为背后的决策机制与路径，解释了不同企业的新技术投资决策差异。

纵观国内外学者关于实物期权的研究，不难发现，国内学者在研究的理论深度上还有待深入，实证方面的研究也不多，而外国学者在实物研究的研究领域则更加广阔。

2.5　投资评估的期权博弈方法综述

2.5.1　期权博弈方法的发展

对于未来投资项目执行的多阶段性、投资成本的不可逆性、投资收益的不确定性以及投资的可延迟性，实物期权方法能够很好地对其进行处理。然而，实物期权忽略了共享性（或称非独占性）及因此造成的竞争性对期权价值的"侵蚀"。由于技术投资市场的现实需求和实物期权理论与博弈论的互补性，期权博弈理论有了广阔的应用前景。

企业间的竞争越来越倾向于不完全竞争，在实践和理论上都要求实物期权和博弈论有机结合。

"期权博弈"起源于 1994 年，莱姆布莱特（Lambrecht）和波拉定（Perraudin C.）首次在文章中提出。在出现期权博弈模型之前，最著名的尝试将竞争效应引入期权模型的例子是凯斯特（Kester，1984）的模型。在期权博弈模型产生前，凯斯特建立了一个模型，试图将竞争效应引入期权模型中。

通常以两个经典的模型为基础来对期权博弈进行研究。其中，斯密特（Smit）和安库姆（Ankum，1993）的研究就围绕离散时间期权博弈展开，其成果让期权博弈模型更加简洁、易懂。虽然在总体上离散时间模型更为直观，但连续时间模型可以使用更多的专业软件，并且可以得到更具一般性的结论。因此本书的研究主要基于连续时间的期权博弈。

斯迈特（Smets，1991）提出的已有市场模型和迪科斯特和皮德克（1994）的新兴市场模型为连续时间期权博弈的代表。其中斯迈特（1991）考虑了双寡头企业是如何从一个成熟的市场转向一个成本相对不高的新市场。在连续时间上迪科斯特和皮德克（1994）对不完全信息的等待实物期权、永久性期权和双寡头市场等相关内容的分析体现在其著作当中，由此得出了领先者和追随者执行期权的临界值及项目期望值的解析解。实际上，他们这个模型里的博弈属于占先博弈（Preemption），也就是说，博弈中存在着先发优势。此后，莱姆布莱特和波拉定（1994）使用类似"分布策略法"对追随者的临界值的条件概率分布进行了分析并获得了最优解。

德拉斯凯（Doraszelski，2002）详细区分了新技术发明和进一步改进之间的不同，指出高科技企业有动力推迟采用新技术，直到这个新技术足够先进。提格思（1996）对涵盖期权方法的占先博弈进行了研究，并且实证分析了占先博弈与等待博弈。格林迪尔（Grenadier，

1996）研究了房地产投机时机的选择问题，并且对其期权模型加以扩充，同时对期权价值受到建设时间（Time－to－Build）的影响的问题进行了讨论。胡思曼（Huisman）和科特（Kort，1999）、格林迪尔（2000）均在原有模型之上对其进行了实际的应用研究并扩展了模型。

格林迪尔（2000）、胡思曼和科特（2000），斯密特和提格思（2004）各自全面研究了实物期权与博弈论结合的方法，并分析了技术采纳和企业战略投资的投资决策问题，给出了期权博弈下的投资决策问题的理论与方法。

在双寡头市场上，很多模型分析了实物期权的占先博弈，但由于这些模型均对竞争者进行外生的随机进入的假定，因此他们并没有从本质上意识到在不确定条件下的投资会受到交互策略的巨大影响。

2.5.2 研发项目投资决策的期权博弈方法

维茨（2002）在不完全竞争的环境下对 R&D 投资的战略推迟进行了分析。指出企业存在着选择推迟 R&D 投资的可能，因为他们担心会因竞争失败而一无所获。企业的投资具有一定的灵活性，企业可以根据各种不确定性对企业的投资制定出灵活的决策。格拉皮（Garlappi，2000）分析了研发竞争中企业的投资策略，研究了企业是选择继续投资，还是受不利因素的影响而延缓投资，还是由于种种不利因素导致彻底地放弃投资的问题，建立了两个竞争企业间的多阶段的专利竞赛模型对此问题进行研究。

在专利竞赛方面，国外学者做了大量工作。格利伯特（Gilbert）和纽伯瑞（Newbery，1982）以及瑞甘姆（Reinganum，1982）认为先动优势和经验效应都会影响 R&D 中的竞争，建立了动态博弈模型，对顺序决策的问题进行了研究。李和维尔德（Wilde，1980）以及瑞甘姆（1981）在专利竞赛的研究中重点关注泊松模型的应用。哈瑞思（Harris）和维克思（Vickers，1987）、朝伊（Choi，1993）等著名学者采用多种方式更加细致精确地模拟专利竞赛问题，进一步丰富和完善了相关的数据和结论。他克尔（Takalo）和坎尼恩（Kanniainen，2000）的研究认为，等待期权的价值对于项目价值的弹性、市场引入的门槛值以及创新等待的能力都会随着专利保护力度的增加而提高。瑞斯（Reiss，1998）采用实物期权的方法研究了企业中的专利战略，假定竞争对手的到达时间外生地服从泊松（Possion）过程。结果显示，对手到达时间和专利申请费用决定着企业的最优投资策略。帕利那（Pawlina）和科特（2003）构建了博弈双方在需求方面不一致时的期权博弈模型。米尔特森和斯沃茨（2003）分析了两家对称医药企业针对同一种疾病而分别研发出的两种不同的专利药品情况下产生的专利研发投资决策问题。赛瑞欧（Sereno L，2007）主要进行综述分析，总结了专利投资的定价问题，将专利投资中产生的战略交互作用进行分类分析。其中一类是包括专利竞赛和专利购买在内的专利获得方面；另一类则是与专利持有者必须考虑仿冒者侵权对专利价值的影响的相关专利诉讼方面。维茨（2002）研究了对称期权博弈问题，针对博弈双方的研发竞争以及研发合作行为问题使用期权博弈方法进行了深入全面的剖析，给出了均衡解。胡（Hsu）和莱姆布莱特（Lambrecht，2007）对在位者和潜在进入者的竞争问题进行了分析，研究了两者在争夺具有随机收益的专利技术中的竞争行为。

企业在研究开发阶段的竞争可以根据项目的进展划分为多个时期和阶段，企业在专利竞赛中的竞争也大致相同。米尔特森和斯沃茨（2003）将企业的研究与开发过程分成了不同阶段进行研究，剖析了各个企业在进行研究与开发时在各个不同阶段的投资行为并研究了各个企业如何做出正确的投资决策的问题。

莱姆布莱特和波拉定（1997）的研究发现，企业在专利竞赛获胜之后，不要急于进行专利开发将其市场化或者产业化，而是将专利搁置，对企业来讲这是最好的方式。

胡思曼和科特（1999）假设两个企业刚开始时已经在市场上活动（已经有投资项目在运行）并引入混合策略均衡的概念，针对迪科斯特和皮德克的模型进行了更深一步的扩展和分析。乔安库（Joaquin）和布特尔（Buttler，2000）更进一步地探讨了不同质的两家企业的双头垄断期权博弈。格林迪尔（2002）证明了解决多人期权博弈问题的数学方法，同时对寡头垄断下期权执行的时机选择博弈进行了分析。迪阿思（Dias）和泰克思那（Teixeira，2003）对于连续时间期权博弈的文献进行系统论述。

侯迫（Hoppe，2000）认为采纳新技术有可能提高企业价值，也有可能导致企业投资失败，在此前提下研究了对称期权博弈问题，对企业的投资决策行为进行了分析。卢卡迟（Lukach）等（2002）在研发所需时间难以估计、进行投资的成本也不好评估的情况下研究了企业研究开发的投资决策问题。

在获取技术突破或专利后企业会进行专利的产业化投资。虽然有专利保护，但是专利的产业化投资也具有一定的竞争性。这种专利产业化投资中的竞争性使得企业在专利产业化投资阶段也需要在等待和抢先投资之间做出决策。因此，企业在专利产业化阶段的投资决策也可以用期权博弈理论进行分析和研究，此时需要考虑各种不确定性，尤其是产业化阶段的市场不确定性和竞争性对于企业投资决策的影响。因而，针对非对称期权博弈以及多阶段博弈等这一方面的研究就比较重要。

企业间一般是不对称的或者存在着某些差异，主要表现在现实生活中企业资金储备、融资渠道、管理组织水平、研发能力和吸收新技术的速度等存在差异，这些差异会对企业的投资决策起到重要的作用。例如，在市场竞争中一些低成本的企业往往有较强的竞争实力，有更大的主动性。而且，由于竞争的存在，各个企业自己都秘密制订投资计划和方案，不希望对手知道，这表明竞争对手所拥有的其他企业的信息不是完全的。所以，为了使期权博弈方法更加贴近实际，在期权博弈研究之中需要放松对于有关竞争企业间信息完全与企业对称的假设条件。

考察企业的投资成本差异对竞争的双方投资行为的影响是非对称方面的主要研究内容。波力那（Pawlina）和科特（2006）对企业价值和投资成本差异的关系以及企业投资成本的差异给企业的投资决策带来的影响进行了研究。胡思曼（2001）认为投资外部性既有可能是正的，也有可能是负的，而博弈双方的成本也有高有低，他在这种情况下研究了企业的投资博弈问题。哈姆斯拉格（Halmenschlager，2006）基于企业在技术特性方面具有对称信息和非对称信息的情况，针对创新企业的吸收能力对它的竞争行为的影响进行了研究。得出了以下结论，在不完全的竞争环境下，竞争对手的投资策略发生改变的同时会对投资项目的价值产生影响，企业是由博弈均衡来决定最优的投资决策的。

实物期权考虑了不确定性给投资带来的等待价值，这是与以往净现值（NPV）方法最大的不同。在不完全竞争条件下，企业之所以不能完全消化实物期权的等待价值是由于存在先发优势。先发优势使企业抢先投资而实物期权的等待价值减少。另外，由于一些不确定性以及新技术的产生会带来后发优势（Second Mover Advantage），而后发优势极有可能使得企业选择等待更好的投资机会。因此，实际上期权博弈模型基本上可以划分成两种：具有正外部性的即后发优势的博弈以及具有负外部性的抢先进入博弈。具有正外部性的博弈可以分为具有消耗战（Wars of Attrition）和网络效应的博弈两种。

夕阳产业中双寡头的退出期权便是产业经济学文献中的一个消耗战的典型例子，其中任何一方放弃便会给另外一方带来好处。后发优势也体现在有网络效应的博弈里。胡思曼（2001）剖析了新技术的到来对博弈双方企业投资决策行为的影响。由于网络效应的作用，博弈双方同时投资将会给双方都带来正的效应。此时，同时投资对博弈的双方都是优势策略，并且会与消耗战形成鲜明的对比。胡思曼把这种博弈称作消耗战。

随着信息的到来而慢慢减少的不完全信息，是有关项目评价的一类不确定性，这种不确定性和技术、市场的不确定性有一定区别的，它的特点就是信息的不完全性。近几年来，学者们已经开始考虑企业的不对称性与不完全信息博弈对各竞争者的最优投资时间和投资阈值所产生的影响。与之相关的各文献中，杰森（Jensen，1982）第一个在不完全信息情况下研究新技术采纳模型。提森（Thijssen，2001）在迪科斯特和皮德克（1994）的基础上，结合杰森（1982）的模型对不完全信息下的投资决策问题进行了细致深入的研究。波林那（Pawlina）和科特（2001）认为企业投资成本不同，企业的投资决策就不同，而企业的价值也会因此而变化，作者对其中的关系和相互的影响进行了研究。

莱姆布莱特和波拉定（2003）创建了一种双寡头期权博弈模型，在模型中假定信息与竞争者的行为有关。每一个企业都有一个关于其他企业何时进行投资的不断更新的信念。慕特（Murto）与科波（2002）也在不同的假设条件下对不完全信息期权博弈进行了研究。他们的研究进一步丰富和扩展了传统的完全信息下期权博弈方法，创建了完全不同的不完全信息期权博弈模型。迪卡姆波（Decamps，2005）求解了双变量马尔科夫过程最优停时问题，对不完全信息下的投资时机选择问题进行了研究。

梭曼（Somma，1999）、迪卡姆波等（2005）、莱姆布莱特和波拉定（2003）以及朱（Zhu，2003）都从不同角度研究了不完全信息对企业投资决策的影响。

自20世纪90年代以来，市场全球化、经济一体化迅速发展。为了能与其他企业深入竞争和持续发展就必须得考虑合作问题，为这种合作提供相关决策基础和理论的就是合作博弈理论。

合作 R&D 克服 R&D 过度投资的有效性是卡茨（1986）用合作博弈模型得以论证的。阿思布莱姆特（Aspremont）和杰克库敏（Jaquemin，1988）对合作研发组织中的"搭便车"问题以及成本分享问题进行了研究。皮特（Petit）和特尔温思科（Tolwinski，1999）对专利竞赛的合作博弈方面的新技术传播渠道和消除重复研究方面进行了研究。影响合作研发组织形成的重要因素是马特思（Martin，2000）发现的 R&D 中度、技术溢出和企业规模。两个对称的企业要想获得专利，需要对在合作与非合作博弈条件下的最优研发投资时机问题进行研究，而维茨（2002）对这个问题进行了细致的探讨与分析。

2.5.3 国内研究现状

关于期权博弈的研究在我国起步较晚，从 21 世纪初才开始，但是也取得了一些成果。

国内对实物期权理论方法与应用的研究起步较晚，始于 21 世纪 90 年代初期，但也取得了一些成果，对期权博弈方面的研究却相对较少。安瑛晖和张维（2001）最早对期权博弈问题进行了研究，对国外实物期权研究成果进行了比较详尽的综述。在作者的系统分析与总结之后，许多学者随之开始对期权博弈方法进行多方面多角度的研究。

郭斌（2002）对现实期权理论与方法在技术创新管理中的应用与发展进行了概括性论述并指出了未来进一步的研究方向。

国内学者孙利辉等（2002）分析了合作创新效果的影响因素；孙利辉等（2003）利用三阶段模型研究了具有非对称成本的三寡头进行 R&D 时的合作研发组织成员选择问题。

张维和安瑛晖（2002）假设竞争者进入行为遵循泊松分布，研究了共享期权的价值，随后建立了一个普遍性的研究分析框架。

王蔚松（2003）分析了等待战略对企业采取抢先战略以及企业之

间的采取合作或对抗性投资战略等博弈问题。

吴建祖和宣慧玉（2004）研究发现研发投资项目经营成本与企业的投资临界值成正向关系，而与企业的投资收益成反向关系。在 Huisman – Kort（2000）模型基础上剖析经营成本如何影响企业研发投资的决策。

夏晖等（2004）认为新技术的出现遵循泊松（Possion）过程，在此条件下通过使用实物期权方法，搭建出了企业采用时机的累积概率分布函数并得到了企业最优的技术状态的投资门槛值。

赵湉等（2004）应用期权博弈理论方法搭建了一个双寡头模型，剖析了存在竞争条件下的不确定性投资决策问题，对两家公司的价值进行了计算并分析了均衡状态，得出了两家公司的均衡状态及其最优的投资决策是当影响产品需求的随机因素位于不同区间上时的结论。

何德忠和孟卫东（2004）考虑不确定性和竞争等因素，同时运用期权博弈理论，对企业在不同条件下的投资决策进行了研究并得出了相关的结论。

杨明和李楚霖（2004）通过结合动态投资分析和实物期权方法，剖析了跟从者在一个企业追随一个先行企业进行 R&D 项目研发时的研发投资、期权价值和努力策略。

唐振鹏、刘国新（2004）利用期权博弈方法研究了双寡头企业的产品创新投资决策问题。在企业进行博弈的各个结点处，相对于给定另一家企业执行的战略，每家企业的执行战略都是最优的。

余冬平和邱菀华（2005）分析了在不同情况下的两不对称企业的研究开发投资均衡策略规则。杨勇和达庆利（2005）分析和探究了双寡头垄断情况下市场升级投资问题，发现企业升级投资的临界值随着升级投资所导致的成本下降程度的增加而降低。夏晖和曾勇（2005）分别使用期权博弈方法研究了不对称企业技术创新战略投资问题，同时对竞争环境下的企业技术创新策略进行了综述，并指出了对类似问题的更深一步的研究方向。

吴建祖和宣慧玉（2006）采用博弈论与实物期权相结合的方法，引入不完全信息，在一定的假设条件下，研究了在不完全信息和不确定的竞争环境条件下企业 R&D 投资的最优时机的问题。

余冬平（2007）运用期权博弈方法，研究了成本不对称双头垄断企业战略投资决策问题。给出了两企业均衡存在的形式和条件，以及各均衡最优投资策略规则。

张国兴等（2008）结合投资成本和建设时间的不对称，构建了双寡头企业投资期权博弈模型。

代军（2008）引入新技术随机出现这一假设，研究了考虑技术进步条件下的双寡头企业技术项目价值决定模型，在分析的基础上给出了相应的经济解释。

陈珠明和杨华李（2009）使用期权博弈论等方法，对信息完全条件下有负债企业兼并的均衡价格和最优时机进行了研究。

蔡强等（2009）在建立实物期权投资决策模型的基础上，分别研究了单个企业和双寡头企业投资专利研发所需的临界信念，对两个对称企业专利竞赛可能会出现的均衡类型及产生条件进行了分析。

曹国华等（2009）运用不对称双头垄断期权博弈模型，对不确定条件下需求不对称的两个企业的研发投资决策进行了研究，在分析的基础上得出了一些结论。

蔡强和曾勇（2010）构建了双寡头企业专利技术投资的投资时机选择期权博弈模型并针对企业的专利商业化投资决策特征进行了分析。

龚利等（2010）在项目的投资与经营成本不对称的假设下，构建了可退出的不对称双寡头投资博弈模型，并给出了不同情况下两投资商的进入与退出最优转换策略。

王小柳和张曙光（2011）在不确定条件下，研究了在投资项目时间有限情况下两企业在不同竞争环境下的投资决策的期权博弈模型。

陈珠明（2011）应用实物期权博弈论，研究了企业在信息不完美条件下控制权转让的均衡价格和最优时机问题，并对影响最优时机的主要因素进行分析。

可以看出，国内学者在期权博弈方面的研究已经取得了一些成果，在期权博弈方法的应用方面也开展了许多研究工作。

2.6 低碳技术创新投资决策评估

当前，在技术创新投资决策评估方面，国内外研究取得了诸多成果，比如把博弈论和实物期权引入研发项目和项目投资中进行研究，使用期权博弈理论研究其在各个方面投资决策中的应用等。在低碳经济发展背景下，在实现资源、环境与经济协调发展的环境中，如何实现低碳技术创新、如何做出科学的低碳技术创新投资决策是本书研究要考虑的问题。为克服以往研究的不足，在已有研究的基础上，本书主要从以下角度展开研究：

（1）在理论论述、实证分析以及政策研究方面，都缺乏系统地建立一个基于多种不确定性以及多阶段特征的高科技企业的全方位低碳技术创新研究开发、专利和产业化投资决策的理论框架。

（2）由于高科技企业在低碳技术创新研发项目投资中所具有的多阶段性投资特征和典型的不确定性，需要充分而且完整地考虑高科技企业的低碳技术研发、专利和产业化整个投资序列，需要构建能够处理多种不确定性和多阶段投资的高科技企业低碳技术创新投资决策方法。

（3）依据实际情况，针对低碳技术研发成功后是否申请专利需要进行区别对待，高科技企业有可能申请专利，也有可能不申请专利而采取技术保密策略。不同的投资决策情况对项目价值的评估需要进行不同的研究。所以，评价一般的不确定性项目投资实物期权模型以及方法需要在评价高科技企业低碳技术创新研发项目的投资决策中进行进一步的深入研究。

（4）缺少针对不同市场结构情况下获取专利技术后进行产业化投资的进一步研究。专利产业化投资决策需要考虑低碳技术和市场的不确定性以及竞争者对产业化投资决策的影响。

综合以上的分析及观点，本书将以高科技企业的低碳技术创新研发、专利以及产业化投资决策为研究对象，在分析期权博弈的研究现状以及现实中低碳技术创新研发型项目投资决策的实践需要和投资机会特性的基础上，结合前人的研究成果，将不同的市场结构作为背景，针对高科技企业的低碳技术创新研究开发以及专利和产业化投资的决策问题展开全面而详尽的思考和深入研究。力争建立一个统一完整的高科技企业低碳技术创新研发、专利以及产业化投资的全方位、多层次的投资决策模型和方法。

3

高科技企业低碳技术创新投资
决策的三层五要素分析模型

近年来，高科技企业在推动经济发展方面起到了至关重要的作用。在大力发展低碳经济的背景下，高科技企业逐步成为低碳技术创新的主体。为实现资源、环境与经济的协调发展，从高科技企业本身的生存和发展来讲，其很大程度上依赖于自身的低碳技术研究与开发工作。高科技企业十分看重低碳新产品和新技术的研究与开发，主要通过低碳自主创新来获取低碳技术突破和专利，然后将其产业化来占领市场。低碳技术研发是高科技企业生存的基础，要产生销售利润，使自身在市场中立于不败之地，只有通过不断地研发，推出属于自己的低碳产品。高科技企业面对的市场环境复杂多变，各种市场的不确定性以及高科技企业之间的竞争使得企业需要通过低碳技术创新来加以应对。适应市场竞争和变化的最好方案之一就是通过一系列低碳技术研发活动从而推出新技术和新产品。

因此，在低碳技术创新方面的投资越来越受到高科技企业的重视。无论是低碳技术研发经费的大幅投入还是研发的执行方面，高科技企业都扮演着越来越重要的角色。尤其是在高技术迅速发展的今天，在高科技企业的经营与发展中，采取正确的低碳技术研发投资决策、适合企业发展并主动适应市场变化的投资策略会直接提升企业的核心竞争力。而这种投资决策和策略的制定对于高科技企业的生存和发展尤为重要。高科技企业的低碳技术研发、专利以及产业化投资决策是一个十分复杂的过程，整个投资需要考虑市场结构、投资成本的不可逆、从研发到产业化各个阶段的不确定性、投资的可延迟性、序列投资的阶段性以及企业之间的竞争。以上各个要素和特征共同体现了高科技企业低碳技术创新投资的特点，只有正确处理好以上各个要素的关系并采取恰当的方法和体系对其进行正确的评估，才能帮助高科技企业做出正确的低碳技术创新投资决策。

3.1 市场结构对高科技企业低碳技术创新投资决策的影响

高科技企业在低碳技术创新投资过程中会面临市场风险，如果低碳产品的市场条件比较有利，则利润可能会增大；反之，不利的市场条件会减少高科技企业的利润。而不同的市场结构也会在很大程度上影响高科技企业的低碳技术创新投资决策。微观经济学将现实中的市场分为两类：一类是完全竞争市场，即传统上讲的自由竞争市场；另一类是非完全竞争市场。根据垄断能力的不同，又可以将非完全竞争市场细分为垄断竞争市场、寡头垄断市场和完全垄断市场（S. Charies Maurice，Christopher R.，2003）。

《产业组织理论》是提热勒（Jeon Tirole，1997）的著作，其详尽地描述了 R&D 活动与新技术的采用问题。提热勒认为在不同的产业组织结构或者说市场结构会对企业的技术创新活动，相应产生不同的激励。因为垄断与竞争两者程度的不同，企业在技术创新的替代效应与效率效应作用下，会在不同的市场结构下采用不同的创新策略。这也说明，市场结构会对企业的技术创新投资活动产生不同的影响，竞争程度的不同取决于市场结构的不同，因此市场结构会直接影响企业的技术获取和创新投资决策行为。

对于高科技企业而言，其低碳技术创新投资的预期收益率和所在市场的市场结构有很大关系。随着市场垄断程度的提高，享有低碳技术优势或持有专利的高科技企业的低碳技术创新投资预期收益率会逐步提高。

影响一个高科技企业自身发展的重要因素之一便是新技术方面的投资机会。在现实市场环境下，完全垄断几乎是不存在的，但是在高科技企业低碳技术创新投资中，享有低碳技术优势或持有专利的高科技企业控制着市场，决定着价格，其他高科技企业由于缺乏相应的技术优势或没有相应专利而没有任何参与竞争的机会，这就相当于一个完全垄断市场。这时，处于完全垄断市场的控制者地位的高科技企业在进行低碳技术创新投资决策时，对于其他对手的反应可以不予考虑，只根据自己企业和项目的状况以及市场本身的变化来考虑投资决策问题，最终实现利益最大化的目标。

但是，绝大多数情况下，高科技企业大都处于完全垄断与完全竞争市场结构之间。因此，在高科技企业之间大都具有共享性的投资机会，显然，高科技企业之间的投资竞争也就不可避免地产生了。

现实投资的实践确实存在着政府或企业垄断。但在市场经济条件之下，会有多个投资者共享大部分项目的投资机会。市场上的任何力量都不能将具有投资、开发项目能力的投资者排除在该项目的之外。在这种情况下，投资者之间就会存在竞争。同时，投资者的得失以及投资决策的制定将会因为竞争者的存在而产生不容小觑的影响。因此，在竞争市场结构下，高科技企业的低碳技术创新投资时机选择和投资机会的评估都需要根据竞争对手的投资策略进行调整，最终实现利益最大化和风险最小化。

因此，高科技企业在做出低碳技术创新投资决策时，首先要对市场结构进行分析，根据不同的市场结构，高科技企业应该做出不同的投资决策。根据市场结构对高科技企业低碳技术创新投资决策的分析以及高科技企业的特征，本书主要研究处于垄断市场和竞争市场的高科技企业的低碳技术研究开发、技术突破及专利以及产业化的投资决策问题。

3.2 高科技企业低碳技术创新投资的实物期权特征

3.2.1 高科技企业低碳技术创新投资的不确定性

很多投资是确定性的投资，投资者从一开始就对投资的未来回报了如指掌。但是很多情况下，投资者并不清楚他所做投资未来的收益情况。投资者所在的外部经济政治环境以及项目本身的许多因素都会直接影响投资未来的收益，这就是投资的不确定性。对于经验丰富的理性投资者，他们也只能对未来的投资收益做出可能性的判断和评估。当市场的经济政策等因素变得有利于投资的项目时，投资者的未来收益会随之增加；而当市场的经济政策等因素变得不利于投资的项目时，投资者的未来收益会随之减少，甚至有更大的损失。几乎所有的投资都存在着不确定性的一面，当然，高科技企业的低碳技术创新研发、专利以及产业化投资更是如此。

高科技企业的低碳技术创新研发、专利以及产业化投资所面临的高不确定性主要包括技术上的不确定性和经济上的不确定性。高科技企业的低碳技术研发和专利获取阶段是技术不确定性的主要存在时期，其表现为新的低碳技术研究与开发有成功的可能性也有失败的可能性。

低碳技术的不确定性会增加投资机会的价值，这种不确定性会随着企业关于投资计划的信息的增多而降低。理性的投资者在获得对投资会产生不利影响的信息时便停止或者延迟项目投资，而在获得有利于投资的信息时继续进行原定的投资计划或者扩张投资。这种做法使得投资机会的价值随着不确定性的增长而增加，与传统的（DCF）法规则相反。

经济的不确定性在高科技企业整个低碳技术创新研发、专利以及产业化过程中都有体现，在新技术的市场化和产业化的过程中体现得尤为明显。低碳新技术所面临的市场有着各种各样的不确定状况，如低碳新技术的市场需求状况、市场份额以及价格等。正因如此，高科技企业的未来收益便也具有不确定性。经济的不确定性是与整个经济系统的运行状况有着密切关系的。

低碳技术的不确定性会增加投资机会的价值，投资机会的价值随着不确定性的增长而增加。但是，此时投资者的投资意愿并不一定会增长，投资的意愿会随着经济不确定性的增长而降低，这主要是因为投资机会价值的增长与等待的价值有密切的关系。通过加大投资才有可能降低这种不确定性，但是投资者为了控制风险会分阶段实施投资计划。在高科技企业的低碳技术创新投资决策过程中，经济的不确定性会刺激企业的投资决策者等待更好的条件和投资时机到来时再投资。尽管一个低碳技术项目有相当大的 NPV 值，也不能马上进行投资。只有一个项目拥有足够高的价值时，高科技企业的投资决策者才可以进行投资。

此外，对一个项目价值的衡量不能仅通过考虑其所创造的净现金流的大小来决定，还必须考虑到该项目所能带来的战略价值。对于通过低碳技术研发获取技术突破和专利这个阶段的投资，主要是给企业带来大批的有价值的投资机会，并建立企业长期的竞争优势和巩固市场的领先地位。从战略角度上看，管理者所做的一切都集中体现了企业战略适应性的不断提高。显而易见，战略适应性也体现了企业的灵活性，因而也是具有价值的。

3.2.2 高科技企业低碳技术创新投资成本的不可逆性

由于高科技企业低碳技术创新投资失败致使一部分或者全部的成本无法收回，这就是成本的不可逆性。无法收回的成本成为沉没成本。完全可逆的情况几乎不可能在项目投资中出现。一个公司的投资都是针对固定的项目，有着固定的用途，这种投资很难用于其他项目或者公司。部分不可逆通常也出现在非特定用途的投资上。此外，政府部门等对资本的控制与管理引起投资的不可逆。企业进行研究与开发的人力投入成本、相关的设备成本以及研发成功后进行产业化的市场和营销成本都属于企业进行研发而获取技术突破和专利并进行产业化的投资的成本，这些成本都是不可逆的。相对于高科技企业的投资者和决策者来说，深刻认识到投资机会中投资成本的不可逆性，会大大提升对投资机会的评价水平，从而做出更加理性和客观的投资决策。

3.2.3 高科技企业低碳技术创新投资的可延迟性

在某种特定的情况下，高科技企业可能不会有延迟低碳技术创新投资的机会。但是，延迟投资是有可行性的。投资者可以采用推迟投资的手段，得到更多不确定性因素的信息。当市场中出现有利于企业低碳技术创新投资的情况时，企业可以立即对市场进行投资，而不利于企业低碳技术创新投资的情况在市场出现时，企业有权等待更好的投资机会出现而暂时选择不投资。延迟投资就会带给企业管理低碳技术创新项目的柔性。当然延迟投资也会带来现金流的损失，在竞争市场结构下，竞争对手企业的参与也会给采取延迟投资的企业带来损失。但是企业在延迟等待过程中通过得到更多更新的信息而获得的收益，一般比损失大。

3.2.4　高科技企业低碳技术创新投资的实物期权特征分析

根据以上分析可以看出，高科技企业低碳技术创新研发项目投资主要是考虑低碳技术项目会产生有价值的未来投资机会，而不是考虑其即时收益。高科技企业其低碳新产品的研究与开发是高科技企业建立和保持竞争优势的重要手段，也是高科技企业日常经营和管理的重要内容，是其得以持续发展的源泉。

面对来自高科技企业自身和市场的巨大而复杂的各种不确定性，高投入和高风险是高科技企业低碳技术研发项目投资的基本特征。高科技企业低碳技术研发、专利以及产业化各个阶段所具有的多种不确定性和投资决策的灵活性使得常规投资决策方法难以对高科技企业研发项目做出正确的价值评估（Hodder J，Riggs H，1985）。这些常规的价值评估方法没有考虑低碳技术研发项目的不确定性带来的投资决策的灵活性和投资的战略价值以及低碳技术研究开发、专利和产业化这种分阶段多阶段的特征对投资决策所产生的影响（Dixit A K，Pindyck R S，1995）。高科技企业在低碳技术创新研发项目投资的投资时间选择、投资规模确定、是否延迟或者停止投资以及进一步追加投资等方面都会根据自身和市场的具体情况做出相应的选择，给企业自身留有进一步选择的机会。这种低碳技术创新研发投资决策中的选择权实际上就是一种实物期权思想，这种选择权的实施即实物期权的思想可以最大限度地提高高科技企业低碳技术创新研发投资的价值并最大限度地减少损失。

在传统的净现值方法中，企业在投资决策时，没有考虑企业决策的灵活性价值，在企业面对投资的项目时就有两个选择：要么永不投资，要么立刻投资，这样就低估了投资的价值。在各项投资分析中，金融期权与高科技企业低碳技术创新投资的灵活性有着相似的特点，所以可以用实物期权的方法评价分析。并且使用实物期权方法进行高科技企业低碳技术创新投资决策分析时，它比传统评价投资决策方法更加准确全面，并且能更好地把握投资的时机。这样的分析是实物期权理论与金融学、投资决策和公司管理等科学的结合创新，这种新的评估创新投资决策方法在以后的投资策略中会成为一种新的科学的决策管理方法，在企业决策分析中实践和理论上都会更加广泛地运用到。

从以上分析可以看出，高科技企业项目投资就是一个实物期权，它以高科技企业投资的低碳技术创新项目为标的物，而且价值巨大。考波兰德（Tom Copeland）等（1990）和提格思（1993）等对企业所拥有的实物期权进行了研究并对其进行了分类。在高科技企业低碳技术创新投资过程中，我们认为实物期权可以分为延迟型、扩张型、收缩型和放弃型。在高科技企业低碳技术创新研发、专利以及产业化的投资决策中的这四类实物期权的主要特征如下：

（1）延迟型期权。在高科技企业的低碳技术创新投资过程中，如果市场环境不好，企业可以选择延迟投资，这就是一种延迟期权。通过延迟期权高科技企业可以对不确定因素进行柔性管理，选择最为有利的时机进行低碳技术创新投资。由于高科技企业的低碳技术创新投资具有不可逆性和高度的不确定性，尤其是其投资成本有很大一部分为沉没成本，延迟投资可以让企业获得更多的信息，然后再对投资做出决策。因此运用延迟期权可以有效地保持低碳技术项目的投资柔性管理价值并进行科学的风险管理。

（2）放弃型期权。高科技企业在市场情况特别差或者经营不佳时，可能会永久放弃该项目，这就是放弃期权。在市场无法接受高科技企业的低碳产品时，放弃期权会减少项目损失。这也是投资决策柔性的体现。

（3）扩张型期权。当市场条件变好的时候，高科技企业根据市场情况可以考虑追加投资进行扩张，以获取更大的收益，这就是扩张型期权。

（4）收缩型期权。与扩张型期权相反，当市场条件变得不好的时候，高科技企业根据市场情况可以考虑缩小投资规模，这就是收缩型期权。

3.3 高科技企业低碳技术创新投资的竞争性

《竞争优势》是迈克尔·波特（Michael E. Porter）的著作，书中指出：目前所有产业都面临着现存竞争对手的激烈竞争。所有产业中的企业为了想要确立其竞争优势必须适当采用成本领先、标新立异、目标集聚这三种最基本竞争战略中的一种。当采用任何一种竞争战略时，企业都应从技术上改革创新。

高科技企业的低碳技术创新研发、专利以及产业化的整个过程中都会存在竞争。低碳技术突破和专利投资本身就具有极强的竞争性特征，并且具有极高的实物期权价值，会直接影响高科技企业低碳技术创新投资时机的选择。高科技企业的低碳技术产业化投资阶段也会面临市场的不确定性和竞争对手的投资策略的影响，同样具有竞争性。竞争导致高科技企业提前进行低碳技术创新投资，而高科技企业因为不确定性带来的期权价值而选择等待和延迟低碳技术创新投资。在现实中，这两种相反的力量作用在庞杂的不确定的经济环境下，会导致做出投资决策的高科技企业进退两难。同时，高科技企业在低碳技术研发投资成功后一般会进行专利申请圈定市场，然后再进行产业化。但是很多高科技企业在研发成功后可能不申请专利，而是在技术保密的情况下直接产业化。无论是申请专利的竞争还是在不申请专利进行技术保密情况下的竞争，都使企业的投资决策变得更加复杂。

因此，通常情况下，竞争会存在于想要得到利润的各个高科技企业之中，无论是在低碳技术创新的研发、专利还是产业化投资阶段。由于市场的结构有所不同，高科技企业要在考虑竞争对手的同时为低碳技术研发、专利及产业化投资做出决策。高科技企业在低碳技术研发、专利以及产业化的各个阶段都存在竞争，在不同阶段作出投资决策时，高科技企业必须考虑竞争对手的投资策略。如果竞争对手的投资策略发生改变，低碳技术创新项目的价值也会随之改变。低碳技术创新投资项目的未来价值就会在竞争对手执行实物期权时减少，从而可能使企业提前进行低碳技术创新投资，这样最终会损害投资的灵活性价值。所以，如果高科技企业要做出投资决策，除了考虑自己的投资策略，还要考虑竞争对手的反应，这时博弈均衡就完全决定了高科技企业的最优投资策略。

分析竞争性投资的一个非常强大的决策工具就是博弈论。博弈论（Game Theory），亦名"对策论"、"赛局理论"，是研究具有竞争性质现象的理论和方法，但是，普通意义上的博弈论却在关于风险回报的金融理论的实际应用和不确定条件下管理柔性的价值方面存在一定的不完善因素。

高科技企业在做出低碳技术创新投资决策时需要将上面所讲的各种特征融入它的投资决策框架中。即低碳技术创新投资成本的不可逆性和延迟性必须考虑在投资决策中，投资项目会遇到很多技术和市场的确定性，企业必须以这些不确定性的种类与程度对低碳技术创新项目的价值做出正确客观的评价。同时高科技企业需要考虑竞争对手的反应。根据以上种种特征综合进行考虑，最终选择恰当的投资时机并制定正确的投资决策。

这样的策略可以增加企业在竞争中的灵活性以及价值。这个时候就需要将实物期权方法和博弈理论进行有机结合，这就是期权博弈方法。用这个方法研究不完全竞争环境下的企业投资策略互动关系并且加以评价已经成为学术界的共同方法，并且正逐步发展为评价竞争性投资项目的有效理论和工具。

　　博弈论和期权定价理论是两个互补的理论，期权博弈理论则是由这两个理论有机结合在一起产生的具有广阔发展和应用前景的理论及应用框架。期权博弈（Option Games）理论结合博弈论及实物期权方法研究不确定因素下参加人之间的策略互动。将企业在投资决策中所面临的等待以获得期权价值和抢先进入（投资）以获得先动优势、先发效应之间的冲突在一个框架内给予有效解决。

3.4　技术突破与专利对高科技企业低碳技术创新投资决策的影响

　　一个高科技企业在市场上的地位主要有两种：领先或者追随。第一个开发出低碳新产品或者新技术的高科技企业将会获得很大的优势，高科技企业可以通过对低碳新产品或者新技术进行产业化并迅速占领市场。对于高科技企业而言，获得低碳技术突破及专利并生产出新产品从而占领市场是其生存和发展的重要方式，它会对市场结构和高科技企业的低碳技术创新投资决策产生直接而强烈的影响。

　　在实际的商业竞争中，当只有一个高科技企业进入市场进行低碳技术创新投资时，这个高科技企业会由于没有竞争而获得完全垄断收益，这种情况将会一直持续到另外一方也进入市场时被打破，同时收益大大减少。

　　很多情况下如果高科技企业没有获得占先优势，则只能作为追随者进入市场。这时要和抢先进入的高科技企业进行竞争，追随者高科技企业就要充分发挥其自主研究开发能力以最快的速度推出更新的低碳技术，或者取得专利技术圈定市场获得垄断利润，或者直接采用技术交易市场的更新的低碳技术占领市场。市场的相对后进入或者新进入者通过采用低碳新技术及专利会直接影响未来的市场份额。而原先进入市场的企业如果冷漠地对待这种低碳技术突破或者专利的影响，则会丧失领先地位。

3.5　高科技企业低碳技术创新投资的阶段性

对于高科技企业低碳技术创新研发、专利以及产业化投资的评价会由于低碳技术项目本身的不确定性、竞争性和长周期性而变得十分复杂。高科技企业低碳技术项目投资决策并不十分看重现金流，而主要在于项目可以产生有价值的投资机会。一般将企业的研发项目看成包括基础研发、产品研发、专利以及产业化等更多阶段的一系列的投资过程。一系列的投资决策贯穿于研发阶段到产业化阶段，不同阶段也都存在着各种不同的风险和诸多不确定性。高科技企业低碳技术研发阶段的成功就创造了进行产业化的机会。高科技企业的投资回报就是从低碳技术研发到产业化整个过程中低碳技术创新项目的全部经济价值，它包括从低碳技术研发、专利到产业化整个投资过程中所有投资机会的期权价值。

高科技企业低碳技术创新项目的投资一般需要经过实验室研究、应用开发、专利获取以及最后的产业化四个阶段。高科技企业投资决策者在项目的每一个阶段都会面临着不同的不确定性，随着新信息的到来，这种不确定性会慢慢减少甚至消除，在这种情况下，决策者就要决定是否进入下一个阶段。

高科技企业投资决策者在进入低碳技术研发阶段时所面临的不确定性主要是低碳产品和技术能否使企业获得较多的未来市场份额以及

低碳技术研发过程本身所面临的技术的不确定性。一旦在研发阶段取得成功获得低碳技术突破，如果看到产品市场的良好前景，投资决策者便可以进入低碳技术应用的开发阶段进行产品开发。这时同样会面临开发技术的不确定性，成本也必须考虑在内。若低碳技术应用开发失败了，投资决策者就应该尽快放弃该项目，尽可能地减少投入并避免更大的损失，同时通过转让研究阶段的成果而获得一定的收益。若这一阶段低碳产品开发取得成功，高科技企业可以通过申请专利来圈定市场。高科技企业投资决策者可考虑在产业化投资阶段将研发成功的专利产品投入市场获取垄断利润。高科技企业在实验室研发和产品开发阶段同样会面临其他企业的竞争。投资决策者需要将低碳技术的不确定性和研发投资的竞争性同时考虑在内，从而制定出正确的低碳技术创新投资决策。

高科技企业进入低碳产品产业化投资阶段，就必须考虑市场的不确定性和新技术产品在市场上的推广问题。经济环境的不确定性和其他企业低碳产品的竞争都会对高科技企业低碳产品产业化投资决策产生巨大的影响。管理者必须对竞争者的投资决策和经济环境以及各种市场因素做出预测和判断。如果产业化这一阶段失败，公司决策者也要立即放弃该项目；如果产业化过程获得成功，高科技企业就可以享受巨大的市场利润。

根据以上分析可以看出，在高科技企业低碳技术创新的研发、专利以及产业化整个阶段都存在不同的不确定性和竞争性，而且每个阶段的不确定性都是动态的。正是由于这种动态不确定性的存在，要实现企业价值的最大化，就要求高科技企业的投资决策者和管理者具有战略决策的灵活性，根据不确定性和竞争性结合高科技企业自身的特征采取多阶段的投资策略。对于高科技企业的低碳技术项目投资，可以根据市场、竞争对手等多方面的信息来减少项目的不确定性。在实施项目的过程中，投资决策者和项目管理者可以适当地根据低碳技术项目实施自身的特征或者根据市场所发生的变化，通过多个阶段以及分阶段投资策略来不断调整最初的低碳技术创新投资方案以适应市场。总之，由于低碳技术创新投资各个阶段所具有不同的不确定性因素，因此高科技企业的投资决策者和项目管理者需要在低碳技术创新项目投资的决策和实施过程中具有柔性，采取分阶段投资的策略。这种项目管理和投资的分阶段策略对低碳技术创新项目价值能否得到实现具有非常重要的作用。也正因如此，高科技企业低碳技术创新项目管理和投资的多阶段性自身就具有重要价值。

由于低碳技术研发项目本身所具有的阶段性和高不确定性使得高科技企业投资决策者需要根据不同阶段的具体情况决定是否投资以及什么时候进行投资。而针对高科技企业的低碳技术研发、专利以及产业化各个阶段的投资及不同阶段之间投资机会的有效关联，采用多阶段实物期权方法对其进行描述，在此基础上对高科技企业整个多阶段的低碳技术创新项目进行价值评估就非常有效。

3.6 高科技企业低碳技术创新投资三层五要素决策分析模型

根据以上分析可以看出，高科技企业低碳技术创新投资决策是一个非常复杂的过程。对高科技企业低碳技术创新投资所面临的市场、投资决策的方法以及高科技企业本身的特征进行分析总结，本书提出高科技企业低碳技术创新投资决策的三层五要素决策分析模型，如图 3 - 1 所示。

高科技企业的低碳技术创新投资决策有三个不同的层次。

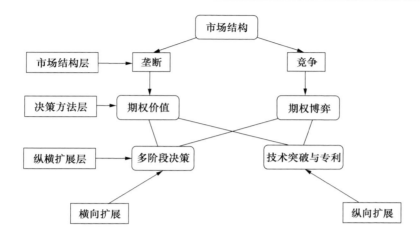

图 3 – 1　高科技企业投资三层五要素决策分析模型

第一层是市场结构层。不同的市场结构会对高科技企业低碳技术创新投资决策产生不同的影响。拥有低碳技术专利和技术突破的高科技企业就像在垄断市场进行投资。同时，由于低碳技术的不断进步，采用新低碳技术的高科技企业会和已经在市场中的高科技企业进行竞争，因此必须在竞争情况下考虑高科技企业的低碳技术创新投资决策。

第二层是决策方法层。这一层次是在第一层市场结构层下的进一步延伸。对于垄断市场，由于不用考虑竞争对手的投资决策，因此根据高科技企业低碳技术创新投资的不确定、不可逆以及可延迟性可以直接对高科技企业低碳技术创新投资按照实物期权进行评估和决策。在竞争市场中，每个高科技企业在作出低碳技术创新投资决策时必须考虑竞争对手的决策，双方在抢先与跟随甚至是共同投资之间要作出最优的决策。因此，在实物期权评估的基础上采用博弈策略就可以使高科技企业在竞争市场上的互动策略得以描述和解决。实物期权价值和期权博弈就是本层的两个要素。

第三层是纵横扩展层。高科技企业的生命在于技术突破与专利，高科技企业获得低碳技术突破与专利升级后可以帮助高科技企业迅速占领市场，取得垄断利润。专利可以帮助高科技企业迅速圈定市场。而对于跟随者而言，采用更新的低碳技术或专利来与领先的高科技企业进行竞争是制胜的法宝。无论在垄断市场还是在竞争市场，低碳技术突破与专利对高科技企业投资决策的影响都是巨大的。低碳技术突破与专利对于评估方法层的实物期权价值和期权博弈都是一种纵向的扩展，其对投资决策影响巨大。同时，充分考虑低碳技术突破与专利策略可以帮助高科技企业投资决策者作出正确的、领先一步的投资决策。

高科技企业低碳技术创新投资的不确定性以及各种期权特征决定了高科技企业的低碳技术创新投资是分阶段进行的，分阶段的投资可以让高科技企业低碳技术创新投资有更多的柔性，可以根据市场和低碳技术本身的变化来不断地调整投资策略。高科技企业低碳技术项目投资很多情况下都分为研究开发、专利以及产业化等不同过程，不同阶段具有不同的技术以及市场不确定性。而在垄断市场情况下，低碳技术研发、专利以及产业化是一个序列投资的过程。到达不同的阶段，企业可以根据技术和市场的情况作出停止或者继续进入下一个阶段的选择。在竞争市场，高科技企业在低碳技术研发、专利以及产业化的各个阶段都存在竞争，抢先还是跟随或者共同投资都是高科技企业要作出的选择。因此，根据高科技企业的特征，低碳技术创新投资具有多阶段特征。无论是垄断还是竞争市场，多阶段的投资都将评估方法层的实物期权价值和期权博弈进行了横向的扩展。在采用实物期权和期权博弈方法对高科技企业的低碳技术创新投资进行分析时，采用多阶段的评估策略可以使投资决策者更为灵活地进行决策，增加投资的柔性和战略价值。

第三层是对第二层的横向与纵向的延伸和扩展。无论是在垄断还是竞争市场，高科技企业低碳技术创新投资都必须考虑多阶段的投资和技术突破与专利对期权以及博弈均衡的影响。多阶段的决策实际上是低碳技术创新投资决策中的不确定性、可延迟性以及不可逆性的综合表现和高度凝结。投资的不可逆、可延迟性、市场和技术的不确定性使得高科技企业的低碳技术创新投资需要分阶段进行，以便更好地实现高科技企业低碳技术创新投资收益最大化和风险最小化。而低碳技术突破与专利是高科技企业低碳技术项目投资的核心生命力，是高科技企业本身的要求和目标。高科技企业的多阶段投资和低碳技术的突破与专利是高科技企业本身所具有的特征。典型的多阶段就是低碳技术研究开发、专利以及产业化多个阶段。而专利本身就是一种技术突破的结果。多阶段将高科技企业低碳技术创新投资进行了横向扩展和延伸，使得期权和博弈在一个更丰富的层面进行。而低碳技术突破与升级使高科技企业的低碳技术创新投资项目价值产生突变，会对期权和博弈产生巨大的影响，属于纵向的扩展和延伸。这样，一个全方位立体的投资决策模型就完全将高科技企业的低碳技术创新投资决策纳入一个框架里进行解决。

市场结构、实物期权价值、期权博弈、技术突破与专利和多阶段构成了三个层次中五个最重要的分析要素。以上三个层次层层递进深入，五个要素与三个层次交叉互动，共同构成了高科技企业低碳技术创新投资决策的分析体系和模型。

本章小结

本章首先分析了市场结构对高科技企业低碳技术创新投资决策的影响。然后根据高科技企业低碳技术创新投资本身所具有的技术和市场的不确定性、投资成本的不可逆性以及投资的可延迟性，分析了高科技企业投资所具有的各种实物期权特征。在现实市场竞争中，除了考虑以上低碳技术项目本身所具有的特征外，高科技企业在做出低碳技术创新投资决策时，还必须考虑竞争对手的投资策略，因此高科技企业的投资也具有竞争性。

高科技企业的低碳技术项目投资一般分为研究开发、专利以及产业化多个阶段。无论在垄断市场还是竞争市场中，为了控制风险提高收益率，高科技企业投资决策者会采取多阶段投资的模式。另外，低碳技术突破与专利会对高科技企业的低碳技术创新投资产生巨大的影响。采用新技术抢占市场是高科技企业保持竞争力的有效手段，专利可以帮助高科技企业迅速圈定市场，等待合适的时机进行产业化投资。

本章在以上分析的基础上，根据高科技企业项目本身的特征，构建了高科技企业低碳技术创新投资决策的三层五要素决策分析模型。市场结构层、决策方法层和纵横扩展层，层层深入。市场结构、实物期权价值、期权博弈、技术突破与专利和多阶段构成了三个层次中五个最重要的分析要素。以上三个层次层层递进深入，五个要素与三个层次交叉互动，共同构成了高科技企业低碳技术创新投资决策的分析体系和模型。这样，一个全方位立体的投资决策模型就可以将高科技企业的低碳技术创新投资决策纳入一个框架里进行解决。

下面，本书将在三层五要素决策分析模型的基础上对高科技企业的低碳技术创新投资决策进行研究，力求得出针对高科技企业低碳技术创新投资的完整准确的投资决策体系，能够对高科技企业低碳技术创新投资作出全面准确的决策评估。

4

市场结构层分析

——垄断市场情况下的高科技企业低碳技术创新投资决策

根据三层五要素决策分析模型可以看出，高科技企业低碳技术创新投资的预期收益率和所在市场的市场结构有很大关系。随着市场垄断程度的不断提高，享有技术优势或持有专利的高科技企业的投资预期收益率会逐步提高。本部分首先基于三层五要素决策分析模型的第一层次，对于市场结构做出判断。高科技企业进行低碳技术创新投资，研究完全垄断市场下的高科技企业的低碳技术研究开发、专利申请以及产业化投资决策问题。

在垄断市场情况下，享有技术优势或持有专利的高科技企业控制着市场、决定着价格，其他高科技企业由于缺乏相应的技术优势或专利而没有任何参与竞争的机会。这时，处于完全垄断市场的控制者地位的高科技企业在进行低碳技术创新投资决策时，可以不予考虑其他对手的反应，只根据自己企业和项目的状况以及市场本身的变化来考虑投资决策问题。因此，根据三层五要素决策分析模型的决策方法层次可以看出，高科技企业的低碳技术创新投资决策完全可以按照实物期权方法做出。在此基础上，根据三层五要素决策分析模型的纵横扩展层，结合低碳技术突破及专利价值对于高科技企业低碳技术创新投资决策的影响，将高科技企业低碳技术投资的研发、专利以及产业化多个阶段考虑在内进行综合分析。

4.1 决策方法层分析

——基于实物期权的高科技企业低碳技术创新投资决策研究

根据前文的分析，高科技企业的低碳技术研发项目投资本身具有不可逆性、可延迟性以及各种不确定性特征。这就决定了用传统的净现值规则难以有效地对其做出价值评估。净现值法是一种事先的、静态的价值评估方法，并没有考虑到高科技企业在低碳技术研发、专利以及产业化各阶段可根据新信息进一步做出的放弃、延迟还是扩大投资的可能性。它忽略了等待新信息的机会，忽略了柔性价值。荷德（Hodder）和瑞格思（Riggs，1985）指出净现值（DCF）方法在实践中存在严重的误用，大量市场和技术的不确定性因素的存在，使得企业很难预测以后产生的现金流量。忽视企业在以后各个阶段成长过程中包含的灵活性和机会价值容易造成低碳技术项目价值的低估，导致企业放弃本来可能具有投资价值的项目。迪科斯特和皮德克（1994）认为在不确定性环境下，净现值法忽视了投资的不可逆性和可延迟性，往往会低估投资项目价值。

根据三层五要素模型的分析，在不确定的条件下，使用实物期权评价方法可以更好地处理高科技企业低碳技术创新投资所面临的各种不确定性、不可逆性及延迟性。高科技企业利用实物期权评估方法不仅能够在低碳技术创新投资的不同阶段及时适应低碳技术和市场的变化，而且还可以通过自主行动创造投资机会，在最适当的时机做出投资决策，使企业长期保持增长能力。

4.1.1 模型构建

设高科技企业低碳技术研发项目投资成本 I 为固定的，研发项目的价值 V 的变化遵循几何布朗运动，其变化是 dV。借用迪科斯特和皮德克（1994）的研究思路，采用实物期权方法评估低碳技术创新项目的价值，分析高科技企业的投资决策。低碳技术研发项目价值的变化 dV 可以表示为：

$$dV = \alpha_v V dt + \sigma_v V dz_v \qquad (4-1)$$

式（4-1）中，V 为低碳技术 R&D 项目的价值，α_v 为低碳技术 R&D 项目收益的期望增长率，σ_v 为项目收益变动率的标准差，dZ_v 为维纳过程增量，且 $dZ_v = \varepsilon \sqrt{dt}$。其中 ε 代表从标准正态分布中取出的一个随机值。

记低碳技术 R&D 项目投资机会的价值为 F（V），根据伊藤引理得到如下随机微分方程：

$$dF = \left(\frac{\partial F}{\partial V} \alpha_v V + \frac{\partial F}{\partial t} + \frac{1}{2} \frac{\partial^2 F}{\partial V^2} \sigma_v^2 V^2 \right) dt + \frac{\partial F}{\partial V} \sigma_v V dz \qquad (4-2)$$

现在用 M 代表某一与低碳技术 R&D 投资项目的价值 V 完全相关的某一资产或动态资产组合的价格，它的变动同样符合几何布朗运动规则：

$$\frac{dM}{M} = \mu dt + \sigma dz$$

根据（CAPM）模型可得：$\mu = r + \varphi \beta_M$ 其中 r 为无风险收益率，φ 为市场风险溢酬。令 $\kappa = \mu - \alpha_V$。构造一个价值为 Φ 的无风险组合，该组合的价值为：

$$\Phi = F - \frac{\partial F}{\partial V} V \qquad (4-3)$$

John C. Hull（2001）认为持有该组合的总收益为：

$$dΦ - kV \frac{\partial F}{\partial V}dt = \frac{1}{2} \frac{\partial^2 F}{\partial V^2}σ_v^2V^2dt - kV \frac{\partial F}{\partial V}dt \qquad (4-4)$$

由于组合是无风险的，在很短的时间 dt 内，持有组合的总收益必然等于项目价值的无风险收益，整理后，有：

$$\frac{1}{2} \frac{\partial^2 F}{\partial V^2}σ_v^2V^2 + (r-k)V \frac{\partial F}{\partial V} = rF \qquad (4-5)$$

式（4-5）就是低碳技术 R&D 投资项目投资机会价值满足的微分方程。结合边界条件求解可得：

$$F(V^*) = AV^{*β} \qquad (4-6)$$

$$β = \frac{1}{2} - \frac{r-k}{σ_v^2} + \sqrt{\left(\frac{r-k}{σ_v^2} - \frac{1}{2}\right)^2 + \frac{2r}{σ_v^2}} > 1 \qquad (4-7)$$

$$V^* = \frac{β}{β-1}I \qquad (4-8)$$

$$A = \frac{(β-1)^{(β-1)}}{β^βI^{(β-1)}} \qquad (4-9)$$

4.1.2 低碳技术研发项目投资决策规则

对于高科技企业低碳技术 R&D 项目投资决策者来说，存在一个投资的临界点 V^*，当其项目价值小于临界值 V^* 时，此时进行投资就相当于执行了期权，这时投资者的投资收益小于总投资成本。投资者失去了等待更好的投资时机出现的机会，期权价值相当于机会成本。高科技企业的低碳技术创新投资决策者应该在低碳技术项目价值大于临界值 V^* 时进行投资，这时投资者的投资收益大于投资成本。因此，高科技企业低碳技术 R&D 项目最佳投资时机就是项目价值达到临界值 V^* 的时候。

4.1.3 投资模型参数确定

无风险利率 r：在考虑政府债券收益或银行存款利率的情况下，就可以得到无风险利率。

低碳技术项目收益的期望增长率 α_v：期望增长率在不同的具体投资项目中有不同的经济解释，因此 α_v 的确定应根据实际情况采用不同的方法，其中也体现出高科技企业低碳技术创新投资决策者对于项目本身的期望收益率。

波动率 σ_v：可根据预测未来市场行情，利用蒙特卡罗模拟产生低碳技术项目价值收益的分布函数，从而确定其波动率。

投资成本 I：高科技企业低碳技术创新投资决策者可以通过企业的财务预算估算出初始投资成本。

4.1.4 参数分析

在以上模型研究的基础上，高科技企业投资决策者可以确定低碳技术 R&D 项目投资的期权价值和最佳投资时机。为了进一步分析模型中各个参数对投资决策的影响，下面研究具体模型中的各种参数 σ_v，k 与 r 分别与高科技企业低碳技术 R&D 项目投资的期权价值F（V）和最佳投资时机期权执行价值 V^* 之间的相关关系以及可能对模型结果的影响。根据这些关系可以进一步认识实物期权方法在高科技企业低碳技术项目投资中的作用。

4.1.4.1 σ_v 对 F（V）和 V^* 的影响

现假设无风险利率 r = 8%，k = 4%，I = 1，当 σ_v 取值 0.15 和 σ_v = 0.25 波动幅度不一样时，利用式（4 - 6）、式（4 - 7）、式（4 - 8）、式（4 - 9）计算 F（V）及 V^*。当 σ_v 取值 0.15 和 0.25 以及 σ_v 连续变化时，σ_v 与低碳技术 R&D 投资项目期权价值F（V）和期权执行价值 V^* 的关系分别如图 4 - 1 和图 4 - 2 所示。根据图 4 - 1 和图 4 - 2 可以看出，随着 σ_v 的增大，投资期权价值 F（V）也增大；执行期权时项目的价值 V^* 同样也增大。高科技企业低碳技术创新 R&D 项目投资期权价值 F（V）和执行期权时项目的价值 V^* 一般是随着低碳技术创新投资项目价值标准差的增大而增加。

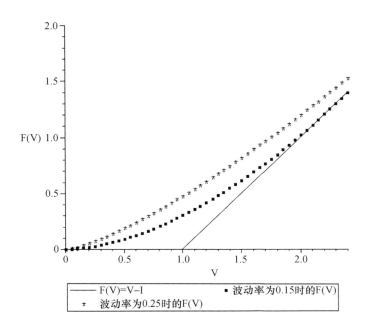

图 4 - 1　σ_v 与 V 和 F(V) 的关系

图 4 - 1 中的曲线分别是 σ_v 取值 0.25 和 $\sigma_v = 0.15$ 时 F(V) 的取值。σ_v 取值 0.15 时 F(V) 的曲线明显低于 $\sigma_v = 0.25$ 时 F(V) 的曲线。F(V) 曲线与下面 F(V) = V - I 的相切的点就是高科技企业低碳技术创新投资项目的边界执行价格 V*。图 4 - 2 是 σ_v 连续变化时 V 与 F(V) 的关系，为三维图形。此时的期权价值随着 σ_v 变化。显然高科技企业低碳技术 R&D 投资项目的价值 V 的波动幅度（σ_v）不同，高科技企业进行低碳技术 R&D 投资的最佳时机也不同，并且波动幅度大，V* 也较大。高科技企业低碳技术 R&D 投资项目的不确定性越大时，说明其投资机会的价值 F(V) 也就越大，从而边界执行价值也越大。这些更高的不确定性提高了企业投资机会的价值。但是，特定的原因使得边界执行价值增大会降低高科技企业将进行的实际投资的数量。根据以

上分析可以看出，当高科技企业面临的市场或者经济环境变得更不确定时，企业的市场价值可能会上升。只有当 V 大于或者等于 V* 时高科技企业投资决策者才能进行低碳技术创新投资。

投资临界值 V* 随着 σ_v 的增长而大幅提高，反映出高科技企业的投资对低碳技术 R&D 项目价值的变动高度敏感，因此高科技企业在制定低碳技术创新投资决策时一定要充分考虑低碳技术项目价值的变动。

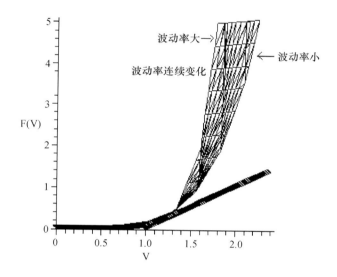

图 4-2　σ_v 连续变化时 σ_v 与 V 和 F(V) 的关系

4.1.4.2　k 对 F(V) 和 V* 的影响

当 k = 0.03 和 0.06 时，同样利用现假设 r = 8%，σ_v = 0.2，I = 1，利用式(4-6)、式(4-7)、式(4-8)、式(4-9)计算 V* 及 F(V)。当 k = 0.03 和 0.06 时以及 k 连续变化时，k 与低碳技术 R&D 投资项目期权价值 F(V) 和期权执行价值 V* 的关系分别如图 4-3 和图 4-4 所示。

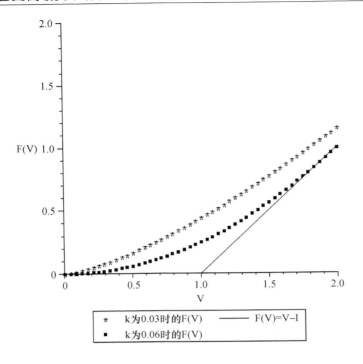

图 4 – 3　k = 0.03 和 0.06 时 k 与 V 和 F（V）的关系

　　图 4 – 3 中的曲线分别是 k = 0.03 和 0.06 时 F（V）的取值。k 取值 0.06 时 F（V）的曲线明显低于 k = 0.03 时 F（V）的曲线。F（V）曲线与下面 F（V）= V – I 的相切的点就是低碳技术 R&D 投资项目的边界执行价格 V*。图 4 – 4 是 k 连续变化时 V 与 F（V）的关系，为三维图形。可以看出，高科技企业低碳技术 R&D 投资项目的期权价值 F（V）、期权执行价值 V* 和 k 之间一般是负相关关系。随着 k 变大，高科技企业低碳技术 R&D 项目的价值 V 的期望增长率就会下降，对于高科技企业来讲，最优的选择就是现在进行低碳技术创新投资。随着 k 的增大，高科技企业低碳技术创新投资的期权价值就越小，而且边界执行价值 V* 也会变小。k 趋于无穷时，低碳技术创新投资项目的期权价值 F（V）趋于零。

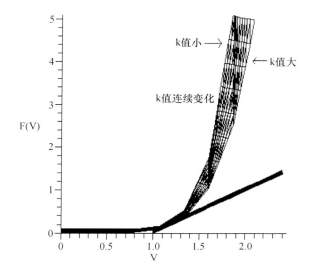

图 4 - 4 k 连续变化时 k 与 V 和 F(V) 的关系

4.1.4.3 无风险利率 r 对 F(V) 和 V* 的影响

同样利用现假设 $\sigma_v = 0.2$，k = 0.04，I = 1，当 r = 0.06，r = 0.1 时以及 r 连续变化时，利用式（4 - 6）、式（4 - 7）、式（4 - 8）、式（4 - 9）计算 V* 及 F(V)。当 r = 0.06 和 r = 0.1 时以及 r 连续变化时，r 与低碳技术 R&D 投资项目期权价值 F(V) 和期权执行价值 V* 的关系分别如图 4 - 5 和图 4 - 6 所示。

图 4 - 5 中的曲线分别是 r 取值为 0.1 和 0.06 时 F(V) 的取值。r = 0.06 时 F(V) 的曲线明显低于 r = 0.1 时 F(V) 的曲线。F(V) 曲线与下面 F(V) = V - I 的相切的点就是低碳技术 R&D 投资项目的边界执行价格 V*。图 4 - 6 是 r 连续变化时 V 与 F(V) 的关系，为三维图形。无风险利率 r 越大，高科技企业低碳技术 R&D 投资项目的期权价值 F(V) 也就越大，边界执行价格 V* 也就越大。可以看出，r 的提高会降低低碳技术创新投资成本的现值，但是不会降低其收益。然而尽管 r 的上升提高企业低碳技术创新投资期权的价值，同时也会导致这些期

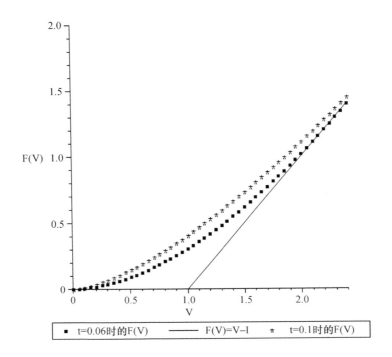

图 4 - 5 r = 0.1 和 0.06 时 r 与 V 和 F(V) 的关系

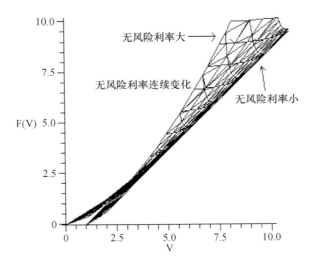

图 4 - 6 r 连续变化时 r 与 V 和 F(V) 的关系

权更少的执行。因此，较高的利率会减少投资。利率的提高使得投资期权的价值提高，因而也就提高了现在就进行低碳技术创新投资的机会成本。

4.1.5 结论

高科技企业的低碳技术研发、专利以及产业化投资具有极大的不确定性和高风险性。从实物期权角度来讲，高科技企业的低碳技术创新投资决策就代表着一个期权行为。首先，高科技企业先进行低碳技术研发，可能考虑研发成功获得技术突破之后申请专利圈定市场。如果市场情况乐观，将会对成果进行产业化。当产品收入降低到低于成本时，高科技企业将放弃该项目。根据市场和技术的各种不确定性，高科技企业可能在各个决策点决定后续的投资行为，即继续投资、延缓投资甚至放弃投资。因此，高科技企业投资者的低碳技术创新投资决策就是决定是否执行期权以及何时执行期权。对于投资者来说存在一个投资的临界点，当项目价值达到临界值时，即出现最佳投资时机时，投资者进行投资的期权价值最大。

对于存在不确定性和可逆性的高科技企业的低碳技术 R&D 项目投资而言，由于 $\beta > 1$，则 $\frac{\beta}{\beta - 1} > 1$，且 $V^* > I$，因此，根据简单的 NPV 规则做出投资决策会使投资决策者做出错误的判断。高科技企业可以根据低碳技术 R&D 项目投资的不确定性、不可逆性以及投资战略的灵活性对立即投资还是延迟投资进行比较、分析和评价，并选择投资的最佳时机，以实现价值最大化。实物期权方法更为科学、全面地考虑了存在不确定性和可逆性的高科技企业低碳技术 R&D 项目的最优投资决策，使理论上的最优投资决策结果真正成为现实中低碳技术创新投资决策者的重要参考依据。

4.2 纵横扩展层分析之纵向扩展

——技术突破之技术保密

根据前面提出的三层五要素模型的第二层，我们分析了实物期权在高科技企业低碳技术创新投资决策中的作用。本节在第二层的基础上进行扩展和延伸，加入高科技企业投资的重要因素，考虑低碳技术突破及专利对高科技企业低碳技术创新投资决策的影响，建立更加真实的高科技企业低碳技术创新投资决策模型。

在现实投资决策中，高科技企业在低碳技术研发投资成功取得技术突破之后，一般会进行专利申请，然后再产业化。但是出于技术保密的目的，很多高科技企业在低碳技术研发成功取得技术突破后，可能不申请专利，而在技术保密的情况下直接进行产业化投资，如图4-7所示。高科技企业低碳技术研发成功后如果选择申请专利，则高科技企业可以依靠专利的独占性圈定市场，然后等待更好的时机再进行专利开发及产业化。

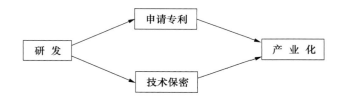

图4-7 高科技企业取得低碳技术突破后的策略

从图4-7中可以看出，高科技企业在低碳技术研发成功获取技术突破之后，可以在技术保密的情况下将成果进行产业化以获取市场收益，或者在取得技术突破之后申请专利来圈定市场，然后再考虑是否进行产业化。假设专利保护是完美的，那么，如果高科技企业申请专利，他将迅速圈定市场，在其申请专利后其他高科技企业不可能再申请该产品的专利。因此，从技术上讲，高科技企业在取得低碳技术突破之后，采用申请专利和技术保密两种不同的策略对高科技企业所持资产的价值的影响是不同的。反过来，这种对高科技企业所持资产的价值的不同影响将会直接导致高科技企业做出不同的低碳技术创新投资决策。

因此，高科技企业取得低碳技术突破之后，是否进行专利的申请是高科技企业在制定低碳技术创新投资战略时必须要考虑的问题，本节将对以上两种情况下的高科技企业低碳技术创新投资决策进行研究。

本节先针对高科技企业低碳技术研发成功取得技术突破之后，采用技术保密策略的情况进行研究。

4.2.1　模型描述

假设某高科技企业投资一个低碳技术项目，该高科技企业不申请专利而是在低碳技术研发成功技术保密的状态下，直接进行产业化。迪科斯特和皮德克（1994）对一个两阶段实物期权模型进行了分析，本节采用其分析思路在其研究的基础上对高科技企业的低碳技术保密投资问题进行研究。设 r 为无风险收益率，高科技企业此低碳技术项目运营成本为 C。其低碳产品产出价格 P 服从几何布朗运动：

$$dP = \alpha Pdt + \sigma Pdz \tag{4-10}$$

价格的不确定性可以根据资本市场来确定，令 μ 为在价格 P 基础上的经过风险调整的贴现率，M 为有关联的资产，其满足以下方程：

$$\frac{dM}{M} = \mu dt + \sigma dz \tag{4-11}$$

根据 CAPM 模型可得：$\mu = r + \varphi\beta_M$，φ 为风险溢酬。

令 $\kappa = \mu - \alpha$。κ 为投资收益。因为高科技企业持有此低碳技术项目的等待期权。项目利润流为 $\pi(P) = \max[P - C, 0]$。

投资于该低碳技术研发项目的高科技企业不打算申请专利，而是在低碳技术研发成功后在技术保密状态下，直接进行产业化。假定低碳技术研发阶段沉没成本为 I_1，该阶段成功后，企业投资决策者考虑进入低碳技术产业化投资阶段，将成果投放市场。假定在产业化阶段沉没成本为 I_2。根据与前面相同的分析思路和方法构建无风险投资组合，组合满足以下条件：

$$dV - fdP = r[V(P) - fP]dt$$

依据 Ito 引理可得：

$$\frac{1}{2}\sigma^2 P^2 V''(P) + (r - k)PV'(P) - rV(P) + \pi(P) = 0 \qquad (4-12)$$

约束于 $V(0) = 0$ 且 $V(P)$ 和 $V_P(P)$ 在 $P = C$ 点连续。此时高科技企业低碳技术创新投资项目价值可以表示成：

当 $P < C$ 时，$V(P) = A_1 P^{\beta_1}$；

当 $P > C$ 时，$V(P) = B_2 P^{\beta_2} + P/k - C/r$。 $\qquad (4-13)$

系数为：

$$\beta_1 = \frac{1}{2} - \frac{r-k}{\sigma^2} + \sqrt{\left(\frac{r-k}{\sigma^2} - \frac{1}{2}\right)^2 + \frac{2r}{\sigma^2}} > 1 \qquad (4-14)$$

常数 A_1 和 B_2 可以从 $V(P)$ 和 $V_P(P)$ 在 $P = C$ 点连续确定出来，且有：

$$A_1 = \frac{C^{1-\beta_1}}{\beta_1 - \beta_2}\left(\frac{\beta_2}{r} - \frac{\beta_2 - 1}{k}\right) \quad B_2 = \frac{C^{1-\beta_2}}{\beta_1 - \beta_2}\left(\frac{\beta_1}{r} - \frac{\beta_1 - 1}{k}\right) \qquad (4-15)$$

使用和前面相同的方法构造价值为：$F(P) - fP$ 的无风险投资组合，求解过程参见迪科斯特和皮德克（1994），省去中间步骤，我们直接给出结论，$F(P)$ 满足：

$$dF = \left(\frac{\partial F}{\partial P}\alpha P + \frac{\partial F}{\partial t} + \frac{1}{2}\frac{\partial^2 F}{\partial P^2}\sigma^2 P^2\right)dt + \frac{\partial F}{\partial P}\sigma Pdz \qquad (4-16)$$

构造由投资期权和 f = F′(P) 单位的产出空头组合的无风险资产组合，使用同样的方法，通过计算可得：

$$\frac{1}{2}\sigma^2 P^2 F''(P) + (r-k)PF'(P) - rF(P) = 0 \qquad (4-17)$$

由于高科技企业低碳技术研发成功实行技术保密直接产业化，所以场上所拥有的资产价值遵循相同的随机过程，低碳技术研发和产业化阶段的 P 表达形式是相同的。对于低碳技术研发和产业化的任一阶段：

$$\frac{1}{2}\sigma^2 P^2 \frac{\partial^2 F(P)}{\partial P^2} + (r-k)P\frac{\partial F(P)}{\partial P} - rF(P) = 0 \qquad (4-18)$$

结合边界条件求解方程可得：

$$F(P) = DP^{\beta_1} \qquad (4-19)$$

可知：

$$D = \frac{\beta_2 B_2}{\beta_1}(P^*)^{\beta_2-\beta_1} + \frac{1}{k\beta_1}(P^*)^{1-\beta_1} \qquad (4-20)$$

且 P^* 是下面方程的解：

$$(\beta_1 - \beta_2)B_2(P^*)^{\beta_2} + (\beta_1-1)P^*/k - \beta_1(C/r + I_2 + I_1) = 0 \qquad (4-21)$$

当 $P \geqslant P^*$ 时，高科技企业执行其投资期权，且 $F(P) = V(P) - I$。

$$
\begin{aligned}
F(P) &= DP^{\beta_1} & P < P^* \\
F(P) &= V(P) - I & P \geqslant P^*
\end{aligned}
\qquad (4-22)
$$

4.2.2 模型分析

高科技企业根据低碳技术创新投资临界值 P^* 来决定在低碳技术研发成功获得技术突破之后是否进行产业化投资。投资临界值 P^* 决定了高科技企业的最优投资时机。在低碳技术研发成功获得技术突破进行技术保密的情况下，如果此时 $P \geqslant P^*$，则高科技企业将在技术保密的情况下进行产业化投资。高科技企业在获得技术突破之后进行技术保密，其拥有的期权价值与产业化投资的期权价值关系极为紧密。而临

界值 P^* 就是高科技企业在实施技术保密情况下是否进行产业化投资的判断标准，其临界值 P^* 就考虑了项目未来的价值，这符合高科技企业低碳技术创新投资本身的特点。

4.3 纵横扩展层分析之纵向扩展
——技术突破之专利申请

高科技企业低碳技术创新研究开发项目的重要价值在于技术突破可以为后面的产业化阶段创造有价值的未来投资机会。上一节我们分析了高科技企业在低碳技术研发成功取得技术突破后，不申请专利，而在技术保密的情况下直接进行产业化投资的投资决策问题。在现实投资决策中，高科技企业在低碳技术研发投资成功取得技术突破之后，一般会进行专利申请，然后再进行产业化投资。

高科技企业可以组织强大的研发团队进行自主研发，在获得低碳技术突破之后而获取专利。因此，对于专利技术价值的准确评估成为高科技企业进行专利投资的重要问题。然而，对于专利价值的评估必须考虑到专利资产所具有的种种不确定性，并且需要考虑专利资产所带来的后续的高收益。对于专利资产的价值而言，既要考虑到其带来的未来现金流入的现值，还必须考虑到其在高科技企业投资中的战略价值。

因此，高科技企业取得低碳技术突破之后，本节探讨高科技企业获取专利之后再进行产业化投资的投资决策问题。

4.3.1 模型描述

高科技企业低碳技术研发成功后如果选择申请专利，则高科技企业就圈定了市场，可以等待更好的时机再进行开发。寇宗来（2006）对沉睡专利的问题进行了分析和研究，本节借用其分析思路来研究高科技企业的专利申请问题。

假设高科技企业将专利进行开发并进行产业化后，产品单位价格为 P，在各种因素的影响之下，P 为随机变量。假设生产的边际成本为零，此时 P 也就是利润流。从技术上，由于专利本身的独占性和排他性，高科技企业申请专利之前和获得专利之后，其所持资产的价值服从不同的过程。高科技企业在进行研究和申请专利决策时价格服从以下分布：

$$dP = \alpha Pdt + \sigma Pdz - Pdq \tag{4 - 23}$$

其中，$\alpha > 0$ 是一个漂移率参数，其他参数意义和前面研究中参数意义相同；此处 dq 是一个具有平均到来率参数为 λ 的泊松过程。如果高科技企业行使了第一期实物期权，投资 I_1 进行低碳技术研究和申请专利，之后高科技企业将会考虑是否投资 I_2 将专利产品进行产业化。同样假设专利保护是完美的。则如果获取专利之后高科技企业准备在产业化阶段进行投资，产业化阶段其利润流 P 满足以下条件：

$$dP = \alpha Pdt + \sigma Pdz \tag{4 - 24}$$

令 $V(P)$ 为高科技企业投资 I_2 后该项目给高科技企业带来的价值，利用伊藤引理易知：

$$\frac{1}{2}\sigma^2 P^2 V''(P) + \alpha P V'(P) - \rho V + P = 0 \tag{4 - 25}$$

可知：

$$V(P) = \frac{P}{\rho - \alpha} \tag{4 - 26}$$

其中，ρ 为折现率。高科技企业在价格为 P 时进行投资 I_2 所得价值为：

$$V(P) - I_2 = \frac{P}{\rho - \alpha} - I_2$$

对于价格而言，这里存在一个触发价格，设为 P_2^*。如果 $P \in (0, P_2^*)$，暂时不要开发专利是高科技企业的最优选择；如果 $P > P_2^*$，这个时候立即进行低碳技术产业化投资是高科技企业最优的选择。假设专利开发期权价值为 $F(P)$，则 $F(P)$ 满足下述方程：

$$\frac{1}{2}\sigma^2 P^2 F''(P) + \alpha PF'(P) - \rho F = 0 \qquad (4-27)$$

其中，$\beta = \frac{1}{2} - \frac{\alpha}{\sigma^2} + \sqrt{\left(\frac{\alpha}{\sigma^2} - \frac{1}{2}\right)^2 + \frac{2\rho}{\sigma^2}} > 1$。

利用通解 $F(P) = BP^\beta (\beta > 1)$ 和边界条件可得[具体求解参见寇宗来(2006)]。

$$P_2^* = \frac{\beta}{\beta - 1}(\rho - \sigma)I_2 \qquad (4-28)$$

$$B = [\beta(\rho - \alpha)]^\beta \left(\frac{\beta - 1}{I_2}\right)^{\beta - 1} \qquad (4-29)$$

根据上文的分析，高科技企业要决定是立即投资 I_1 获得专利，还是继续等待，即持有专利申请的期权。令投资机会的价值为 $H(P)$。依照初始假设以及价格 P 在这个阶段所满足的条件，依照前面相同的分析思路和方法结合 Ito 引理可得 $H(P)$ 满足以下方程：

$$\frac{1}{2}\sigma^2 P^2 H''(P) + \alpha PH'(P) - (\rho + \lambda)H(P) = 0 \qquad (4-30)$$

其中，$H(P)$ 遵循的边界条件为：

$H(0) = 0$

$H(P_1^*) = F(P_1^*) - I_1$

$H^*(P_1^*) = F'(P_1^*) \qquad (4-31)$

利用边界条件可知有意义的根为：

$$\eta = \frac{1}{2} - \frac{\alpha}{\sigma^2} - \sqrt{\left(\frac{\alpha}{\sigma^2} - \frac{1}{2}\right)^2 + \frac{2(\rho + \lambda)}{\sigma^2}} > 1 \qquad (4-32)$$

利用价值匹配条件和平滑条件求解第一阶段的触发价格 P_1^*。寇宗来(2006)将其分情况进行考虑：

如果 $P_1^* < P_2^*$，则 $F(P_1^*) = B(P_1^*)^\beta$。

如果 $P_1^* > P_2^*$，则 $F(P_1^*) = \dfrac{P_1^*}{\rho - \alpha} - I_2$。

情况 1：假设 $P_1^* < P_2^*$。

$$P_1^* = \left[\frac{I_1\beta}{\beta(\eta - \beta)} \right]^{\frac{1}{\beta}} \tag{4-33}$$

由于在第一阶段存在泊松跳跃过程，$\eta > \beta$，从而在特定的参数下，高科技企业有可能获得低碳技术突破申请专利，但是只是圈定市场并不急于马上进行产业化投资。

情况 2：假设 $P_1^* > P_2^*$。

根据价值匹配条件和平滑条件可得第一阶段的触发价格为：

$$P_1^* = \frac{\eta(\rho - \alpha)(I_1 + I_2)}{\eta - 1} \tag{4-34}$$

4.3.2　技术突破后申请专利对投资决策的影响分析

根据 4.2 和 4.3 中的分析可以看出，高科技企业在低碳技术研发成功获取技术突破之后，采取技术保密或者申请专利这两种不同策略对高科技企业项目价值的影响是不同的。这种不同反过来会通过不同的投资临界值直接影响高科技企业的低碳技术创新投资决策。

假设专利保护是完美的，那么，如果高科技企业申请专利，将迅速圈定市场。因此，从技术上讲，高科技企业在取得技术突破之后，采用申请专利和技术保密两种不同的策略对高科技企业所持资产的价值的影响是不同的。这种不同可以通过具有平均到来率参数为 λ 的泊松过程来进行刻画。

在高科技企业低碳技术研发成功获取技术突破之后，如果在技术保密的情况下将成果进行产业化以获取市场收益，此时各个阶段的投资临界值与在取得低碳技术突破之后申请专利来圈定市场，然后再考虑是否进行产业化时的投资临界值完全不同。这种不同是由于专利的存在而引入泊松过程参数 $\lambda > 0$ 体现出来的。而且高科技企业进行低碳技术研究和申请专利投资的投资临界值和开发专利投资的投资临界值也不相同。因此，在获得低碳技术突破之后采取技术保密或申请专利这两种不同的处理情况下，高科技企业需要根据两种不同情况各自所具有的投资临界值作出下一步投资的决策。这种不同会使得高科技企业在做出低碳技术创新投资决策时需要充分考虑低碳技术突破后的投资策略。高科技企业取得低碳技术突破之后，是采取技术保密还是申请专利是高科技企业在制定投资战略时要考虑的问题。

在高科技企业低碳技术研发、专利以及产业化的投资决策中，如果高科技企业取得低碳技术突破，那么高科技企业的投资决策者会通过申请专利来圈定市场，然后对专利成果进行产业化。专利作为高科技企业圈定市场和在市场上展开竞争的手段之一，其重要性日益凸显。但是高科技企业也有可能在获取低碳技术突破之后采用技术保密的方式进行产业化投资。因此，对这两种不同的策略要根据不同情况进行不同的投资分析，然后再根据两种情况各自所具有的不同投资临界值作出下一步投资的不同投资决策。

根据三层五要素模型分析的第三层低碳技术突破与专利的分析可以看出，低碳技术突破在高科技企业的生存和发展中起着至关重要的作用。而获取技术突破之后采取的不同策略也会直接影响高科技企业的投资决策。总之，获取技术突破对于高科技企业是至关重要的，直接决定了高科技企业的发展。而根据三层五要素模型分析的技术突破要素的分析可以看出，获取技术突破之后的处理方式对于高科技企业投资决策来说更加具有实践性和战略价值。

4.4 纵横扩展层分析之横向扩展

——多阶段投资决策模型

对于垄断市场的高科技企业低碳技术创新投资决策而言，根据三层五要素投资决策模型，前面首先采用实物期权方法对高科技企业低碳技术创新投资决策进行评估。为了真实全面地考虑高科技企业的投资决策问题，在分析模型的第三层，又对高科技企业的低碳技术创新投资决策进行纵向的展开，考虑了技术突破与专利对高科技企业投资决策的影响。

根据三层五要素投资决策模型，低碳技术研究开发、专利以及产业化投资对于高科技企业的发展是一个序列的投资决策过程，包含一系列有联系的阶段，不能孤立地考虑。通常高科技企业低碳技术研发项目投资主要考虑低碳技术项目会产生有价值的未来投资机会，而不是考虑其即时收益。本节主要分析连续时间状态下的高科技企业低碳技术研发项目的多阶段投资决策问题。

在决策模型分析的第三层，考虑技术突破时，我们就分析了一个两阶段的高科技企业低碳技术创新投资决策问题。当然，高科技企业为了控制风险，面对低碳技术和市场的各种不确定性，经常采取阶段性的投资策略。面对来自高科技企业自身和市场的各种不确定性，高投入和高风险是高科技企业低碳技术研发项目投资的基本特征。常规的价值评估方法，没有考虑高科技企业低碳技术创新投资项目的分阶段投资的特征、不确定性带来的投资决策的灵活性以及投资的战略价值，忽略了研究开发、专利和产业化这种分阶段多阶段的特征对投资决策所产生的影响（Dixit，Pindyck，1995）。高科技企业在低碳技术研发项目投资的时间选择、规模确定、是否延迟或者停止以及是否进一步追加都会根据自身和市场的具体情况作出不同的选择，给企业自身留有进一步选择的机会。在实际的投资决策中，低碳技术研发、专利以及产业化阶段还可以细分为更多的阶段。为了更加全面地考虑高科技企业低碳技术创新的多阶段投资决策问题，根据实际情况，针对高科技企业低碳技术创新研究开发、专利以及产业化各个阶段所面临的各种不确定，对低碳技术研发投资项目进行分阶段的具体的客观分析，将低碳技术研发到产业化整个投资决策过程加以考虑，建立一个完整的高科技企业低碳技术创新多阶段投资决策模型来帮助高科技企业作出正确的投资决策。

4.4.1 模型假设

如图 4 - 8 所示，高科技企业低碳技术项目投资一般分为实验室研发、产品研发、专利申请、初步产业化以及大规模产业化等多个阶段。每个阶段都具有不同的不确定性和投资决策的灵活性。迪科斯特和皮德克（1994）详细研究了一个两阶段的投资决策问题，本节在此基础上进行研究。将两阶段投资拓展为多个阶段进行研究，力求建立完整

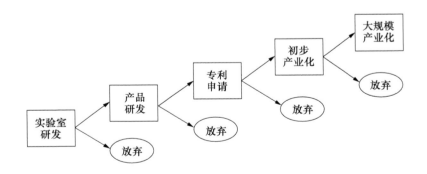

图 4 - 8　高科技企业多期投资模式

的多阶段投资决策分析模型。对于高科技企业低碳技术创新系列投资的动态多阶段决策问题，现假设该高科技企业低碳技术研发项目具有 m 个阶段，研究其中的第 n 阶段。如果该项目一旦完成，每一阶段有 1 个单位的产出出售，且其价格为 P，项目运营成本为 C，价格 P 服从几何布朗运动：

$$dP = \alpha P dt + \sigma P dz \tag{4-35}$$

价格的不确定性可以根据资本市场来确定，令 μ 为在价格 P 基础上的经过风险调整的贴现率，其中，r 为无风险收益率，并且用 M 表示与该高科技企业此低碳技术研发投资项目价值完全相关的资产的价格。因此有 M 满足以下条件：

$$\frac{dM}{M} = \mu dt + \sigma dz \tag{4-36}$$

与前面相同，根据 CAPM 模型可得：$\mu = r + \varphi\beta_M$，φ 为市场风险溢酬。

令 $\kappa = \mu - \alpha$。κ 为高科技企业投资此低碳技术项目所获得的投资回报。因为高科技企业持有项目的等待期权。当价格 P 下降到低于成本 C 时，高科技企业的该低碳技术研发项目可以暂时推迟；而当价格 P 高于成本 C 时，可以无代价的恢复。项目利润流为 $\pi(P) = \max[P - C, 0]$。

4.4.2　项目价值

该高科技企业的低碳技术研发项目的第 n 阶段投资的沉没成本为 I_n，项目第 n + 1 阶段投资的沉没成本 I_{n+1}。构造 t 时刻的包括 1 个单位的项目及 f 单位的产出空头的投资组合。$(P - fP)dt$ 为净股息，收益率为：$dV - fdP$。根据上文的分析，依据 Ito 引理可得：

$$dV - fdP = \left\{ \alpha(P)P[V'(p) - f] + \frac{1}{2}\sigma(P)^2 P^2 V''(P) \right\}dt + P[V'(p) -$$

$$f] \sigma(P) dz \qquad\qquad (4-37)$$

令 $f = V'(P)$ 消去 dz，此时 f 的取值使得该组合变成无风险组合。总回报率为：

$$dV - fdP = \left\{ P - kPV'(P) + \frac{1}{2}\sigma(P)^2 P^2 V''(P) \right\} dt \qquad (4-38)$$

该无风险资产组合必须满足条件：

$$dV - fdP = r[V(P) - fP] dt$$

因此可以得出以下方程：

$$\frac{1}{2}\sigma^2 P^2 V''(P) + (r-k)PV'(P) - rV(P) + \pi(P) = 0 \qquad (4-39)$$

约束于 $V(0) = 0$ 且 $V(P)$ 和 $V_P(P)$ 在 $P = C$ 点连续。该项目价值为：

当 $P < C$ 时，$V(P) = A_1 P^{\beta_1}$

当 $P > C$ 时，$V(P) = B_2 P^{\beta_2} + P/k - C/r \qquad (4-40)$

相应的系数分别为：

$$\beta_1 = \frac{1}{2} - \frac{r-k}{\sigma^2} + \sqrt{\left(\frac{r-k}{\sigma^2} - \frac{1}{2}\right)^2 + \frac{2r}{\sigma^2}} > 1$$

$$\beta_2 = \frac{1}{2} - \frac{r-k}{\sigma^2} - \sqrt{\left(\frac{r-k}{\sigma^2} - \frac{1}{2}\right)^2 + \frac{2r}{\sigma^2}} < 0 \qquad (4-41)$$

常数 A_1 和 B_2 可以从 $V(P)$ 和 $V_P(P)$ 在 $P = C$ 点连续确定出来，且有：

$$A_1 = \frac{C^{1-\beta_1}}{\beta_1 - \beta_2}\left(\frac{\beta_2}{r} - \frac{\beta_2 - 1}{k}\right) \quad B_2 = \frac{C^{1-\beta_2}}{\beta_1 - \beta_2}\left(\frac{\beta_1}{r} - \frac{\beta_1 - 1}{k}\right) \qquad (4-42)$$

对任意的价格 P，由以上各式可确定已完成低碳技术项目的价值 $V(P)$。

高科技企业不会选择在价格 P 小于成本 C 时进行投资，因此该低碳技术研发项目的项目价值 V 是在价格 P 小大于成本 C 时的值。对于高科技企业而言，该低碳技术研发项目的投资决策取决于产品价格 P。此时存在一个投资的临界值 P^*，当价格 P 大于投资的临界值 P^* 时进行低碳技术创新投资；而当价格 P 小于投资的临界值 P^* 时不进行低碳技术创新投资。

4.4.3　第 n 阶段的投资

为方便计算，构造无风险组合，其价值为：$F(P) - fP$。该组合的收益为：$dF - fdP - fkPdt$。故组合的无风险收益为 $r(F - fP)dt$。根据无风险组合的要求可以得出：

$$dF - fdP - fkPdt = r(F - fP)dt$$

运用 Ito 引理，可以得到关于 $F(P)$ 的表达式：

$$dF = \left(\frac{\partial F}{\partial P}\alpha P + \frac{\partial F}{\partial t} + \frac{1}{2} \frac{\partial^2 F}{\partial P^2}\sigma^2 P^2 \right)dt + \frac{\partial F}{\partial P}\sigma Pdz \qquad (4-43)$$

产品价格 P 与期权价值 F 之间的函数关系可以通过构造一个包含投资项目期权和项目产品的资产组合来确定。构造投资组合：由投资期权和 $f = F'(P)$ 单位的产出空头组成。根据无风险资产组合构造的要求，可以得到下面方程：

$$\frac{1}{2}\sigma^2 P^2 F''(P) + (r - k)PF'(P) - rF(P) = 0 \qquad (4-44)$$

对应于第 n 阶段的投资：

$$\frac{1}{2}\sigma^2 P^2 \frac{\partial^2 F_n(P)}{\partial P^2} + (r - k)P \frac{\partial F_n(P)}{\partial P} - rF_n(P) = 0 \qquad (4-45)$$

约束于：

$$F_n(0) = 0$$

$$F_n(P_n^*) = V(P_n^*) - I_{n+1} - I_n - \cdots - I_m$$

$$F'_n(P_n^*) = V'(P_n^*) \qquad (4-46)$$

第一条件是说明高科技企业投资点在 P_n^*，而在 P_n^*，项目的内在价值减去投资沉淀成本就是低碳技术研发项目的期权价值。根据方程的以上各个条件，求解方程可得：

$$F_n(P) = D_n P^{\beta_1} \tag{4-47}$$

其中：

$$D_n = \frac{\beta_2 B_2}{\beta_1}(P_n^*)^{\beta_2 - \beta_1} + \frac{1}{k\beta_1}(P_n^*)^{1-\beta_1} \tag{4-48}$$

且 P_n^* 是下面方程的解：

$$(\beta_1 - \beta_2)B_2(P_n^*)^{\beta_2} + (\beta_1 - 1)P_n^*/k - \beta_1(C/r + I_n + I_{n-1} + \cdots + I_m) = 0 \tag{4-49}$$

当 $P \geqslant P_n^*$ 时，高科技企业执行其投资期权，且 $F_n(P) = V(P) - I_n$。

$$F_n(P) = D_n P^{\beta_1} \qquad P < P_n^*$$

$$F_n(P) = V(P) - I_n \qquad P \geqslant P_n^* \tag{4-50}$$

阈值 P_n^* 是高科技企业低碳技术项目多阶段投资决策中，各个阶段之间过渡的判定规则和条件。对于高科技企业的低碳技术研发投资项目，由于其存在诸多的不确定性，决策者一般采用分阶段投资策略。高科技企业低碳技术创新项目投资决策者一般只根据当前投资阶段的状况预测下一投资阶段的状况，并且考虑相邻的投资阶段间的期权关系。本节模型将高科技企业投资低碳技术研发项目的将来价值考虑在内，采取分阶段投资决策方法，既增加了低碳技术创新项目的价值也有效管理了投资风险。

4.4.4 模型参数估计

波动率 σ：高科技企业的低碳技术研发项目其价值受市场风险、技术风险以及诸多因素的影响。因此，高科技企业低碳技术研发项目价值波动率一般是通过拥有一样或相关性质的研发或产品项目的上市公司的过去的数据模拟归纳取得。

期望收益率 α：常规情况下可以根据同行业的历史数据获得，也可计算所投资项目的年增长率获得。

无风险利率 r：高科技企业低碳技术研发项目投资的无风险利率可

通过使用一年期的国债利率值来模拟获得。

持有收益率 k：持有收益率一般由 $r - \alpha$ 来获得。对于高科技企业的低碳技术研发项目来说 k 是企业进行此研发项目投资时从项目中获得的收益；从期权角度看，可以认为 k 是企业因持有等待期权而推迟项目实施的机会成本。

4.4.5 模型评述及结论

对于具有较高不确定性的分阶段进行的高科技企业低碳技术创新投资项目的价值评估问题而言，传统的投资评估显然无法正确对其进行评价。本节将高科技企业低碳技术研发投资分成多个阶段进行研究，充分考虑了各个阶段的不确定性对低碳技术创新投资决策的影响，研究了各个阶段之间的投资阈值与投资决策的关系，在此基础上构建了相应的低碳技术创新投资决策模型。

对于低碳技术项目管理者而言，项目投入的灵活性增加了项目的整体价值，使项目更具吸引力。加入项目投入灵活性的估值使项目评价更加全面。

对于高科技企业，分阶段低碳技术创新投资一方面帮助企业最大限度地规避风险，使得价值最大化；另一方面也迫使项目经理在每一阶段都必须尽最大的努力，否则项目将无法继续，这样就最大限度地降低了低碳技术创新项目运行过程中的代理成本，使股东的利益达到最大化。

在低碳技术创新项目的运行过程中，如果出现由于竞争加剧对市场状况的负面预测或者项目本身运作出现问题等情况，使得项目的价值小于阶段的投资阈值，投资决策者和项目管理者就应该放弃项目，以减少损失，规避风险。

本章小结

本章根据三层五要素模型研究了垄断市场结构下高科技企业的低碳技术创新研究开发、专利以及产业化投资决策问题。

首先在第一层市场结构层，高科技企业判断所处市场为垄断市场，在此结构下选择低碳技术创新投资策略。

在垄断市场结构下，根据三层五要素决策分析模型，结合高科技企业低碳技术创新投资的不确定性、可延迟性以及不可逆性，使用实物期权方法分析了高科技企业低碳技术创新投资的最优投资时机及投资的战略价值。实物期权分析方法考虑了低碳技术项目的战略价值，能够很好地处理高科技企业低碳技术创新的投资决策问题。

在模型的第三层，针对第二层的实物期权分析进行进一步的扩展和延伸，研究高科技企业低碳技术创新投资的低碳技术突破与专利和多阶段投资方式。

在高科技企业获得低碳技术突破之后，企业会采取不同的策略。高科技企业可能考虑获取专利保护而公开（部分）技术，再进行产业化；也可能不申请专利而在研发成功技术保密状态下直接进行产业化投资。基于以上两种类型投资模式，本章分别研究了两种状态下的高科技企业低碳技术创新投资决策问题。在高科技企业低碳技术研发成功获取技术突破之后，如果在技术保密的情况下将成果进行产业化以获取市场收益，此时各个阶段的投资临界值与在取得低碳技术突破之后申请专利来圈定市场，然后再考虑是否进行产业化时的投资临界值完全不同。这种不同是由于专利的存在而引入泊松过程参数 $\lambda > 0$ 体现出来的。并且高科技企业进行低碳技术研究和申请专利投资的投资临界值和开发专利投资的投资临界值也不相同。因此，在获得低碳技术突破之后采取技术保密或申请专利这两种不同的处理情况下，高科技企业需要根据两种不同情况各自所具有的投资临界值作出下一步投资的决策。这种分类考虑将使对高科技企业低碳技术项目的评价更加客观、全面，也可以作为对高科技企业降低项目运作不确定性风险的建议。

现实中的高科技企业会采取多阶段投资的策略来尽量规避技术和市场的各种不确定性。考虑高科技企业低碳技术创新投资的多阶段性要素，本章建立了高科技企业低碳技术创新多阶段投资决策分析模型，对各个阶段的投资阈值进行了分析，投资价值小于阈值则放弃下一阶段的投资，投资价值大于阈值则进行下一阶段的投资。低碳技术创新投资项目不确定性的增大都直接导致投资阈值的增加，企业会倾向于推迟投资。

对于项目管理者而言，低碳技术创新项目投入的灵活性增加了项目的整体价值，使项目更具吸引力。高科技企业的低碳技术创新分阶段动态投资迫使项目经理在每一阶段都必须尽最大的努力，否则项目将无法继续，这样就最大限度地降低了项目运行过程中的代理成本，使股东的利益最大化。

本章的研究考虑了高科技企业低碳技术创新投资所面临的各种技术和市场的不确定性，在此基础上为高科技企业的低碳技术研发、专利以及产业化投资决策提供了一种具体清晰的决策思路和分析方法。

5

市场结构层分析

—— 竞争市场情况下的高科技企业低碳技术创新投资决策

根据本书提出的高科技企业三层五要素决策分析模型，在完全垄断市场情形下，对于有着诸多不确定性的高科技企业的低碳技术研究开发投资决策问题，可以按照实物期权理论与方法来进行项目的评估与决策。但是，绝大多数情况下，高科技企业大都处于完全垄断与完全竞争市场结构之间。因此，在高科技企业之间大都具有共享性的投资机会。显然，高科技企业之间的投资竞争也就不可避免地产生了。而高科技企业所拥有的投资期权的价值会因为竞争对手的竞争行为而减少。所以，对于高科技企业的低碳技术研究、专利以及产业化投资而言，必须将投资的不可逆性、不确定性、可延迟性、阶段性以及竞争性纳入到同一决策框架中综合进行考虑，在三层五要素模型下进行投资决策分析。

根据三层五要素分析模型，现在重新回到市场结构层分析研究竞争市场下的高科技企业低碳技术创新投资决策问题。在实施低碳技术研究开发投资时，作为创新主体的高科技企业会面临技术和市场的多种不确定性、投资成本的不可逆性以及竞争对手投资决策等方面的影响。下面将根据三层五要素决策模型，在第一层竞争市场情况下，首先进入第二层决策方法层进行分析。使用期权博弈方法，针对在寡头市场结构下的高科技企业的低碳技术创新投资决策问题进行研究。然后进入第三层纵横扩展层，考虑低碳技术突破和专利对高科技企业低碳技术创新投资决策的影响及高科技企业低碳技术研发、专利、产业化投资的多阶段性投资决策问题。

在第一层竞争市场情况下，进入第二层，使用期权博弈方法，针对在寡头市场结构下的高科技企业的低碳技术创新投资决策问题进行研究。高科技企业竞争的相对市场角色可以分为领先者、追随者和同时投资三种。在分析中我们将考虑高科技企业低碳技术创新投资的抢先效应。

5.1　决策方法层分析

——高科技企业低碳技术创新投资的期权博弈分析

高科技企业的低碳技术创新投资项目可以被看作是一个实物期权，但在具备寡头竞争特征的市场中，竞争对实物期权价值产生了侵蚀。博弈均衡改变了高科技企业低碳技术创新投资的最优时机。迪科斯特和皮德克（1994）的研究表明，竞争对手的"先动"会给该企业带来影响。高科技企业在做出投资决策时，不仅要考虑期权价值，还要考虑竞争对手的投资策略带来影响。

5.1.1　模型描述

本节的分析是在迪科斯特和皮德克（1994）、斯迈特（1991）的研究基础上，以 Huisman – Kort 模型（1999）直接的结论指导构造而成。采用其模型研究对称的双寡头条件下高科技企业的低碳技术创新竞争策略，并构建三层五要素模型的决策分析层。运用理论上的期权博弈模型来分析现实中的高科技企业低碳技术创新投资决策问题。

假设有高科技企业 i 和 j，它们是相同的，双方低碳技术创新竞争和所采用的策略是对称的。由于不存在竞争优势，所以事先无法确定领先者和追随者是哪个高科技企业。两个高科技企业是风险中性的，假设不存在技术不确定性，只存在市场不确定性。存在外部消极负面的影响约束，任何一个高科技企业扩大生产会影响另一个高科技企业现在的利润流。设低碳技术创新投资的沉没成本为 I，高科技企业低碳技术研发完成后直接产业化，且形成低碳产品后立即可获得净收益流。我们把率先投资的高科技企业称为领导者，收益流贴现值为 $V_L(Y_t)$。根据市场状况以及领导者高科技企业的投资策略，另外一个高科技企业要作出符合自己利益的投资决策，则这个高科技企业我们称之为追随者。

利润流 $\pi(t)$ 如下：

$$\pi(t) = Y(t) \times D_{N_1 N_2}$$

其中，$Y(t)$ 是反映市场需求的随机变化的符合几何布朗运动的随机需求冲击因子，因此有：

$$dY(t) = \alpha Y(t)dt + \sigma Y(t)dz$$

式中各个参数含义与前面分析的参数意义相同。在没有经营成本的情况下，$\pi(t)$ 就是高科技企业的利润流。$D_{N_1 N_2}$ 是取决于高科技企业 i 和 j 的低碳技术创新投资情况确定的市场需求的参数：当 $N_1 = 1$ 时表示投资，$N_1 = 0$ 时表示不投资。因此 $D_{N_1 N_2}$ 有以下几种取值情况：

D_{00} 表示两个高科技企业均不进行低碳技术创新投资；D_{10} 表示高科技企业 i 先行进行低碳技术创新投资并成为领导者，高科技企业 j 不投资并成为跟随者；D_{01} 表示高科技企业 j 先行进行低碳技术创新投资并成为领导者，高科技企业 i 不投资并成为跟随者；D_{11} 表示两高科技企业同时进行低碳技术创新投资。

根据高科技企业之间的相互影响约束可得：

$$D_{10} > D_{11} > D_{00} > D_{01}$$

根据抢先效应，所以：

$$D_{10} - D_{00} > D_{11} - D_{01}$$

可以看出，领导者高科技企业抢先进行低碳技术创新投资，成功之后获得的收益是巨大的。这种情况我们称之为先动优势。

即可定义为：

$$\frac{D_{10} - D_{00}}{D_{11} - D_{01}}$$

根据博弈理论，首先计算追随者高科技企业的期权价值和投资临界值。假设 $F(Y)$ 为追随者高科技企业的价值函数。由前面的分析并结合实物期权理论可得追随者高科技企业的价值函数 $F(Y)$ 满足以下微分方程：

$$\frac{1}{2}\sigma^2 Y^2 F''(Y) + \alpha Y F'(Y) - rF(Y) + YD_{01} = 0 \qquad (5-1)$$

根据 Huisman – Kort（1999）模型，可得到追随者高科技企业的价值为：

$$Y < Y^F \ 时，\ F(Y) = \left[\frac{Y}{Y_F}\right]^{\beta_1}\left[\frac{Y_F(D_{11} - D_{01})}{r - \alpha} - I\right] + \frac{YD_{01}}{r - \alpha}$$

$$Y \geqslant Y^F \ 时，\ F(Y) = \frac{YD_{11}}{r - \alpha} - I \qquad (5-2)$$

$$\beta_1 = \frac{1}{2} - \frac{\alpha}{\sigma^2} + \sqrt{\left(\frac{\alpha}{\sigma^2} - \frac{1}{2}\right)^2 + \frac{2r}{\sigma^2}} > 1$$

$$Y_F = \frac{\beta_1(r - \alpha)I}{(\beta_1 - 1)(D_{11} - D_{01})} \qquad (5-3)$$

投资阈值改写为：

$$\frac{Y_F(D_{11} - D_{01})}{r - \alpha} = \frac{\beta_1 I}{\beta_1 - 1}$$

可以看出，最优投资规则下比净现值（Net Present Value）规则下扩大系数 $\beta_1 / (\beta_1 - 1) > 1$，由于高科技企业低碳技术研发投资的不可逆性和不确定性，企业的最优投资规则产生了变化。

领导者高科技企业需要知道追随者可能的低碳技术创新投资策略。领导者高科技企业在经历垄断阶段时，利润流为 YD_{10}。而当追随者高科技企业进入市场后，利润就降到 YD_{11}，这时领导者高科技企业的投资价值与追随者相同。

定义领导者高科技企业的价值函数为 $L(Y)$，可知领导者高科技企业价值为：$V^L(Y) = L(Y) - I$，$L(Y)$，应该满足下列方程：

$$\frac{1}{2}\sigma^2 Y^2 L''(Y) + \alpha YL'(Y) - rL(Y) + YD_{10} = 0 \qquad (5-4)$$

可知领先者高科技企业的价值为：

$$Y < Y^F \text{ 时}, \quad L(Y) = \frac{YD_{10}}{r-\alpha} + Y^{\beta_1}\frac{Y_F(D_{11}-D_{10})}{Y_F^{\beta_1}(r-\alpha)} - I$$

$$Y \geq Y^F \text{ 时}, \quad L(Y) = \frac{YD_{11}}{r-\alpha} - I \qquad (5-5)$$

领先者的投资临界值为：

$$Y_L = \{0 < Y < Y_F \mid F(Y) = L(Y)\}$$

在高科技企业的低碳技术创新投资决策中，两个企业同时投资的情况也有可能出现。

如果两个高科技企业立即同时进行低碳技术创新投资，相当于双方共同分享市场，这时其价值为：$\frac{YD_{11}}{r-\alpha} - I$。

但是如果抢先优势很大，此时如果两个高科技企业共谋投资，要达到投资均衡需要两个高科技企业相互之间进行有效的沟通，但是法律是不允许这种行为产生的。因此这种情况下，抢先投资均衡会代替共谋同时投资均衡。如果双方高科技企业之间存在共谋，共谋投资的高科技企业的价值与前面计算方法类似，可得高科技企业价值为：

$$Y < Y_m \text{ 时}, \quad M(Y) = \frac{YD_{00}}{r-\alpha} + \left[\frac{Y}{Y_m}\right]^{\beta_1}\left[\frac{Y_m(D_{11}-D_{00})}{r-\alpha} - I\right]$$

$$Y \geqslant Y_m \text{ 时，} \quad M(Y) = \frac{YD_{11}}{r-\alpha} - I \qquad (5-6)$$

$$Y_m = \frac{\beta_1}{\beta_1 - 1} \frac{(r-\alpha)I}{(D_{11} - D_{00})} \qquad (5-7)$$

由于 $D_{00} > D_{01}$，两个高科技企业在共谋投资时，投资临界值比追随者高科技企业的投资临界值更大。

5.1.2　均衡分析及投资决策

Huisman – Kort（1999）模型分析了模型中出现的均衡状态。在 $0 < Y < Y_L$ 时，领先者高科技企业的价值小于追随者高科技企业的价值，此时对于任何一个高科技企业来讲，等待都是最好的策略，没有任何高科技企业愿意去进行低碳技术创新投资。在 $Y = Y_L$ 处两个高科技企业具有相同的价值；在 $Y_L \leqslant Y \leqslant Y_F$ 这个范围内，追随者高科技企业的价值要小于领先者高科技企业的价值，这是因为领先者高科技企业具有先动优势，投资后获得了较高的利润流。这个区域就是抢先投资区域。如果其中一个高科技企业抢先投资后，另一个高科技企业就只能等待，只能选择不投资而作为追随者，直到 Y_F 的到来再投资。在某些特定条件下，有可能出现双方共同投资的情况，但是由于同时投资的价值甚至小于追随者的价值，因此共同投资是错误的策略。追随者高科技企业在需求冲击达到 Y_F 时将立即投资。而在 $Y \geqslant Y_F$ 时，领先者高科技企业和追随者高科技企业价值相等，同时投资是双方的最佳投资策略。如果共谋投资临界 Y_M 在此区域内，那么对于两个高科技企业来讲，此时垄断高科技企业的投资临界值为 Y_m。

迪科斯特和皮德克（1994）认为高科技企业投资研发项目就等于执行所持有的实物期权。由于成本的不可逆性以及未来的诸多不确定性，高科技企业在进行投资决策时必须选择投资时机，以使高科技企业的投资收益达到最大。当然，当高科技企业所拥有的投资机会具有垄断性时，高科技企业投资决策的准则是投资项目的价值与投资成本之差，减去项目的期权价值后要大于零。而当有其他高科技企业参与竞争时，高科技企业所拥有的投资机会具有竞争性，竞争对手的抢先会给该高科技企业带来损失。在实际的商业竞争中，当只有一个高科技企业进入市场进行投资时，这个高科技企业会由于没有竞争而获得完全垄断收益，然而这种情况将会一直持续到另外一方也进入市场时才会被打破，同时收益大大减少。由于整个市场的份额是一定的，在领先者高科技企业进入市场一段时间之后，追随者的加入对整个市场的状况和领先者都会产生影响。拥有研究开发优势并且拥有在同类产品中占优产品的领先者高科技企业会获得短暂的垄断利润，而竞争对手也会随之采取相应的投资策略推出自己的新技术产品进行市场竞争。因此，高科技企业在进行低碳技术研究开发投资决策时不但要考虑其低碳技术项目投资的期权价值，还要将竞争对手的竞争策略考虑在内，对手的抢先会给自己带来损失，所以该高科技企业有可能提前行使投资期权。因此，处于博弈的框架下，企业间的低碳技术创新投资决策和对手的反应决定了投资项目的价值。

通过本节的分析可以看出，高科技企业在进行低碳技术研发项目投资决策时必须同时考虑多方面的影响，包括不确定性、不可逆性与竞争性，同时还要关注柔性价值和不同市场结构导致的竞争性带来的战略价值。尤其是在竞争市场结构下，高科技企业的低碳技术创新投资决策需要根据对手的投资决策进行调整，同时结合市场的需求找出低碳技术创新投资的最优时机。高科技企业在制定低碳技术创新投资策略，考虑何时抢先进入市场投资、何时作为追随者进入市场投资以及何时采取共同投资策略时，还必须考虑各种不确定性、考虑竞争对手的策略及考虑市场的需求，在一个这样的完整的框架下来寻找最优的低碳技术创新投资决策。

早在1981年，瑞甘姆（1981）就用博弈理论对新技术的采用时机进行了研究，得出一个企业在另一个企业之前采用新技术，可以获得比竞争对手更多的超额利润，即存在先动优势。第一个开发出新产品或者新技术的厂商会获得很大的优势，第一个率先进入新市场的投资者将获得巨大的高额利润，而跟随进入的投资者将只能获到很少的利润，完全无法和第一个进入市场的投资者相比较。因此，对于依靠低碳技术优势生存的高科技企业而言，能够依靠低碳技术突破和专利获得先动优势，抢先进入市场进行低碳技术创新投资并获取巨额利润就是高科技企业投资决策者必须采用的竞争手段。高科技企业将采取早投资（相比于垄断情形下的最优投资时机）以获取利益，目的是为了提高其在产业中的相对竞争优势，这将不可避免地对竞争者的行为产生影响。那么，对于权衡等待的期权价值与早投资的战略利益之间的关系直接影响着高科技企业的低碳技术创新最优投资问题。

5.2　纵横扩展层分析之纵向扩展

——技术突破与专利

根据本书提出的高科技企业三层五要素决策分析模型，前一节在模型第二层使用期权博弈方法分析了竞争市场下的高科技企业低碳技术创新投资决策问题。高科技企业在实施低碳技术研究开发投资时，作为创新主体的高科技企业会面临技术和市场的多方面的不确定性、投资成本的不可逆性以及竞争对手投资决策的影响。下面将根据三层五要素决策模型，进入第三层进行期权博弈的拓展和扩张，考虑高科技企业低碳技术研发、专利以及产业化投资的低碳技术突破与专利以及多阶段性对高科技企业低碳技术创新投资决策的影响。

在三层五要素模型的第二层，通过现有的期权博弈模型分析了高科技企业根据各种不确定性，在考虑竞争对手的投资策略以及市场需求的前提下如何作出正确的低碳技术创新投资决策的问题。同时从高科技企业低碳技术创新投资的先动优势的分析可以看出，第一个开发出低碳新产品或者新技术的厂商会有很大的优势，获得巨大的高额利润。在不确定条件下，高科技企业在进行低碳技术创新投资时，即使低碳技术项目期权价值很大，但是抢先进入市场获取巨额利润的诱惑会使得高科技企业立即进行低碳技术创新投资。

但是，如果一开始高科技企业就处于劣势，处于追随者地位，那么它要抢占市场，需要制定怎样的投资策略，这是我们要研究的问题。

当一个高科技企业想要进入一个已有竞争对手高科技企业存在的市场的时候，往往会采用更新的低碳技术与领先者进行竞争来抢占市场。这个更新的低碳技术有可能是通过自主研发获取，也有可能是通过购买现有的专利技术获取。如果是自主研发，高科技企业就可以凭借自主研发获得的更新的低碳技术突破迅速占领市场，与领先者进行竞争；如果是购买专利，此时就存在追随者与领先者进行专利购买竞争的问题，当然这还要取决于新的专利技术到来的时间。无论是自主研发还是购买新技术专利，追随者高科技企业都可以通过采取更新的低碳技术与领先者高科技企业进行竞争，从而抢占市场，获取更大的利润，这就是后发优势。

胡思曼和科特考察了两家企业在采用新技术中的竞争行为，通过考虑未来技术革新的可能性，研究了一种企业竞争性采用新技术的动态双头模型。

前面在三层五要素模型的第二层研究了双方高科技企业之间的低碳技术创新投资博弈及占先效应，本节采用 Huisman – Kort（2000）和 Huisman（2004）的研究思路和模型，在其基础上进一步研究高科技企业低碳技术创新投资的后发优势。对低碳技术突破与专利对高科技企业低碳技术创新投资决策的影响进行分析。

5.2.1 模型描述

设想有这样两个高科技企业 i 和 j，他们是同一的、风险中性且以追求价值最大化为目标，正在准备进入一个相同的而且市场需求冲击服从几何布朗运动的市场。同时我们假设高科技企业只拥有一次投资的机会，且认为投资于两个低碳技术的沉没成本相等均为 I。高科技企业只有采用现有的低碳技术 1 才能立即进入市场，但随着低碳技术的发展更新，随后出现了新低碳技术 2，此时对于该高科技企业来说，投资低碳技术 1 就是不好的决策。假设低碳技术 2 在经过时间 T（T>0）后研究成功且可以为高科技企业所用，且低碳技术 2 的到来服从参数 λ 的泊松分布，时间 T 服从均值为 $1/\lambda(\lambda>0)$ 的指数分布。高科技企业并不能够了解低碳技术研发过程的进展，因此新低碳技术的到来是服从泊松分布的。用 $D_{N_iN_j}$ 表示高科技企业 i 的确定性市场需求参数。

设 $k \in \{i, j\}$，则 $N_i=0$ 时表示高科技企业 k 尚未投资；$N_i=1$ 时表示高科技企业 k 已经投资于低碳技术 1；则 $N_i=2$ 时表示高科技企业 k 已经投资于低碳技术 2。

由于高科技企业投资在对手还没投资时将会获得垄断利润，而且当竞争对手在使用新低碳技术 2 时，获得的利润不高。在了解竞争对手所用的低碳技术时，高科技企业引进低碳技术 2 会获得高额利润。用下列不等式来描述以上的分析：

$D_{20} > D_{21} > D_{22}$

$D_{10} > D_{11} > D_{12}$

$D_{20} > D_{10}$

$D_{21} > D_{11}$

$D_{22} > D_{12}$

在新市场模型中，高科技企业尚未投资时其收益都将为 0，即：

$D_{0N_k} = 0$

首先模型考虑了追随者高科技企业等待新低碳专利技术到来后才进行投资的情况。

在这种情况下，参照 Huisman - Kort（2000）模型的思路，可得此时追随者高科技企业的价值函数 $F_{12}(Y)$ 为：

$Y < Y_{12}^F$ 时，$F_{12}(Y) = a_1 Y^{\beta_2} + A_{12} Y^{\beta_1}$

$Y \geqslant Y_{12}^F$ 时，$F_{12}(Y) = a_2 Y^{\beta_3} + \dfrac{\lambda}{r-a+\lambda} \dfrac{YD_{21}}{r-\alpha} - \dfrac{\lambda I}{r+\lambda}$ （5 - 8）

其中，β_2 和 β_3 为：

$$\beta_{2,3} = \frac{1}{2} - \frac{\alpha}{\sigma^2} \pm \sqrt{\left(\frac{1}{2} - \frac{\alpha}{\sigma^2}\right) + \frac{2(r+\lambda)}{\sigma^2}} \tag{5 - 9}$$

$$A_{12} = (Y_{12}^F)^{-\beta_1}\left(\frac{Y_{12}^F D_{21}}{r-\alpha} - I\right) \tag{5 - 10}$$

临界值为：

$$Y_{12}^F = \left(\frac{\beta_1}{\beta_1 - 1}\right)\frac{r-\alpha}{D_{21}}I \tag{5 - 11}$$

根据 Huisman - Kort（2000）模型的分析可求得 $a_1 < 0$，$a_2 > 0$。追随者高科技企业在 $Y \geqslant Y_{12}^F$ 情况下且在专利技术 2 研发成功的时刻 T 上投资于专利技术 2。但专利技术 2 是否会在 Y_{12}^F 上到来是不确定的。$a_2 Y^{\beta_3}$ 可理解为，若专利技术 2 还没有被成功应用，即使需求冲击达到临界值 Y_{12}^F，追随者高科技企业也不一定会立即投资，很大程度上高科技企业会选择继续等待专利技术 2 的到来。

同理，设相应的领先者高科技企业的价值函数为 $L_{12}(Y)$，可得领导者高科技企业的价值函数为：

$Y < Y_{12}^F$ 时，$L_{12}(Y) = b_1 Y^{\beta_2} - B_{12} Y^{\beta_1} + \dfrac{YD_{10}}{r-\alpha} - I$

$Y \geqslant Y_{12}^F$ 时，$L_{12}(Y) = b_2 Y^{\beta_3} + \dfrac{YD_{10}}{r-a+\lambda} + \dfrac{\lambda}{r-a+\lambda}\dfrac{YD_{12}}{r-\alpha} - I$ （5 - 12）

其中：

$$B_{12} = (Y_{12}^F)^{1-\beta_1}\left(\frac{D_{10} - D_{12}}{r - \alpha}\right)$$

式（5－12）中 $b_1 Y^{\beta_2}$ 和 $b_2 Y^{\beta_3}$ 均体现出对价值函数的修正，且可以由价值函数在 $Y = Y_{12}^F$ 处连续和可微条件求出系数 b_1 和 b_2。由于此时低碳技术 2 还没有出现，所以这两项都是正值。而且，领先者高科技企业获得的垄断利润会随着低碳技术 2 到来时间的不断推迟而增加。

如果市场不太可能使用一个比较好的新低碳技术，而且需求冲击很大。那么，在这样的情况下，追随者高科技企业投资于现存的低碳技术 1 的概率会非常大。

假设追随者高科技企业也投资于低碳技术 1，其投资临界值为 Y_{11}^F，可以得出追随者高科技企业的价值函数为：

$Y < Y_{12}^F$ 时，$F_{11}(Y) = c_1 Y^{\beta_2} + A_{12} Y^{\beta_1}$

$Y_{11}^F > Y \geqslant Y_{12}^F$ 时，$F_{11}(Y) = c_2 Y^{\beta_2} + b_2 Y^{\beta_3} + \dfrac{\lambda}{r - a + \lambda}\dfrac{YD_{21}}{r - \alpha} - \dfrac{\lambda I}{r + \lambda}$

$Y \geqslant Y_{11}^F$ 时，$F_{11}(Y) = \dfrac{YD_{11}}{r - \alpha} - I$　　　　　　　　　　　（5－13）

由于式（5－13）在点 Y_{12}^F 连续可微，并且在 Y_{11}^F 处满足价值等价条件和平滑粘贴条件，可得 $c_1 < 0$ 和 $c_2 > 0$。

同上可得领先者高科技企业的价值：

$Y < Y_{12}^F$ 时，$L_{11}(Y) = d_1 Y^{\beta_2} + B_{12} Y^{\beta_1} + \dfrac{YD_{10}}{r - \alpha} - I$

$Y_{11}^F > Y \geqslant Y_{12}^F$ 时，$L_{11}(Y) = d_2 Y^{\beta_2} + d_3 Y^{\beta_3} + \dfrac{\lambda}{r - a + \lambda}\dfrac{YD_{12}}{r - \alpha} - \dfrac{YD_{10}}{r + \lambda - \alpha} - I$

$Y \geqslant Y_{11}^F$ 时，$L_{11}(Y) = \dfrac{YD_{11}}{r - \alpha} - I$　　　　　　　　　　　（5－14）

当然，也会存在两个高科技企业同时投资的情况。两个高科技企业同时进行投资是在下面这些情况下：

（1）当两个高科技企业均采用低碳技术 1 进行投资时，两个高科技企业的价值是相同的，其价值函数均为：

$$V_{11}(Y) = \frac{YD_{11}}{r-\alpha} - I \tag{5-15}$$

（2）假设专利技术 2 在两个高科技企业都还没有投资但是已决定投资的时候已经出现，并且它们面对的是只存在效率更高的专利技术 2 的新市场，此时两个高科技企业都投资于低碳技术 2。根据前面的分析可得，高科技企业的期望价值函数为：

$Y < Y_{22}^{F}$时，$V_{22}(Y) = A_{22}Y^{\beta_1}$

$Y \geqslant Y_{22}^{F}$时，$V_{22}(Y) = \dfrac{YD_{22}}{r-\alpha} - I \tag{5-16}$

$$A_{22} = (Y_{22}^{F})^{-\beta_1}\left(\frac{Y_{22}^{F}D_{22}}{r-\alpha} - I\right) \tag{5-17}$$

$$Y_{22}^{F} = \left(\frac{\beta_1}{\beta_1 - 1}\right)\frac{r-\alpha}{D_{22}}I \tag{5-18}$$

其中，$\beta_1 = \dfrac{1}{2} - \dfrac{\alpha}{\sigma^2} + \sqrt{\left(\dfrac{\alpha}{\sigma^2} - \dfrac{1}{2}\right)^2 + \dfrac{2r}{\sigma^2}}$。

（3）假设低碳技术 2 还没有到来，但是这两家高科技企业全都不会投资于低碳技术 1，它们宁愿等待低碳技术 2 的研发成功再进行选择投资，那么，这时的高科技企业期望价值函数应记为 V（Y），可得：

$Y < Y_{22}^{F}$时，$V(Y) = g_1 Y^{\beta_2} + A_{22}Y^{\beta_1}$

$Y \geqslant Y_{12}^{F}$时，$V(Y) = g_2 Y^{\beta_3} + \dfrac{\lambda}{r-a+\lambda}\dfrac{YD_{22}}{r-\alpha} - \dfrac{\lambda I}{r+\lambda} \tag{5-19}$

和前面的求解方式相同，可得出 $g_1 < 0$，$g_2 > 0$，而且，它们的经济含义与前面相同。

5.2.2　博弈均衡分析

无论是领导者高科技企业还是追随者高科技企业，它们选择的低碳技术都会随着 λ 的变化而变化。根据 λ 的变化，Huisman - Kort

（2000）模型将双方高科技企业之间的博弈分为四种均衡情况：

5.2.2.1 在 $0 \leqslant \lambda < \lambda_1$ 的情况下

新低碳技术的到来较为缓慢，同时，需求冲击很大，两个高科技企业将不再等待新低碳技术的到来，而优先选用现有的低碳技术。临界值 Y_{11}^F 的值会随着 λ 的增大而相应增大。λ 的这个临界值为：

$$\lambda_1 = \frac{(r - \alpha) D_{11}}{D_{21} - D_{11}}$$

5.2.2.2 在 $\lambda_1 \leqslant \lambda < \lambda_2$ 情况下

追随者高科技企业会因为新低碳技术可能很快到来而更喜欢选择等待并投资于新低碳技术 2。此时，

$$\lambda_2 = \frac{(r - \alpha) D_{10}}{D_{21} - D_{12}}$$

根据需求的不同，领导者高科技企业将会在不同的时间投资于低碳技术 1；而追随者高科技企业将会投资于低碳技术 2，这时的博弈类型与抢先进入博弈有些类似，但两个高科技企业有可能会出现对双方都不利的同时投资的情况。

5.2.2.3 在 $\lambda_2 \leqslant \lambda < \lambda_3$ 情况下

λ 若在这个区间内，则表明新低碳技术到来的可能性比第二种情形要大。由以上的分析可以看出，两个高科技企业都知道等待新低碳技术的到来对自己更有利，因此都不愿意率先投资。换言之，双方都希望出现信息的披露效应，而对于抢先进入不是很感兴趣。

可得 λ 的临界值为：

$$\lambda_3 = \frac{(r - \alpha) D_{10}}{D_{22} - D_{12}}$$

高科技企业会因为追随者的价值始终大于领导者的价值而都不愿意成为领导者，虽然领导者可以获得一段时间的垄断利润。但因为使用了效率较低的低碳技术，会使得企业在今后的竞争中处于不利的地位。由于两个高科技企业都不投资，因此导致它们的价值都极低。两

个高科技企业的价值都将低于领导者价值，更低于追随者价值，消耗战就是这样产生的。随着泊松（Possion）过程参数 λ 的增加，领导者采用已有低碳技术的概率会减小。

5.2.2.4　在 $\lambda \geqslant \lambda_3$ 情况下

在新低碳技术到达的可能性很大的情况下，当 $\lambda \geqslant \lambda_3$ 时，可以忽略已有低碳技术，两个高科技企业都将选择等待低碳技术 2 出现后再进行投资。

5.2.3　高科技企业的新技术采纳策略

根据 Huisman – Kort（2000）模型的分析，结合三层五要素投资决策模型，我们可以看出，在高科技企业的低碳技术创新投资中，低碳技术突破及专利会在很大程度上影响高科技企业的投资决策和未来收益。而如何采纳新低碳技术以及如何选择采纳新低碳技术的时机都是高科技企业低碳技术创新投资决策的重要组成部分。

首先，在高科技企业的低碳技术创新投资中，未来新低碳技术出现的信息不断出现，从而产生了后发优势。新低碳技术出现的快慢决定了后发优势的大小。对于高科技企业来讲，如果领先者高科技企业已经采用旧的低碳技术在市场上进行投资，为了与之竞争并抢占市场，追随者高科技企业最好的策略是投资新低碳技术与之竞争并抢占市场，这就是后发优势。

前面章节分析了高科技企业低碳技术创新投资的先动优势，可以看出，抢先进入市场的高科技企业将会在一段时间内获得巨大的高额垄断利润，而随后到来的追随者高科技企业只能得到很少的利润，完全无法和抢先进入的高科技企业竞争。但是现实中，很多情况下如果高科技企业没有获得占先优势，只能作为追随者进入市场。这时要和抢先进入的高科技企业进行竞争，追随者高科技企业就要采用更新的低碳技术以最快的速度占领市场。

其次，对高科技企业来说，这种新低碳技术的出现既有可能来自企业的自主研发，也有可能来自技术交易市场的专利购买。通过自主研发获取新低碳技术并申请专利是高科技企业的重要投资战略。在高科技企业所投资的领域，市场活跃、新低碳技术到来很快，那么两个高科技企业会都等待新低碳技术的到来再进行投资；如果新低碳技术到来特别慢，那么两个高科技企业会选择采用旧的低碳技术进行投资。而无论采用新低碳技术还是老低碳技术，双方之间都存在竞争。而且高科技企业投资收益的不确定性、市场的发展速度、贴现率以及市场需求都会对高科技企业采取新低碳技术还是老低碳技术产生很大的影响。对高科技企业而言，如果这种新低碳技术来自高科技企业的自主研发，那么对于追随者高科技企业而言，如果研发能力很强，新低碳技术很快就可以研发出来。这时，追随者高科技企业就可以依靠自主研发出新低碳技术并申请专利，然后投资于新低碳技术进入市场与领先者高科技企业进行竞争。如果追随者高科技企业研发能力较弱，想进入市场就只能采用原有低碳技术和领导者高科技企业竞争，获取很小的利润。因此，对于高科技企业来讲，大力提高自主研发能力是市场制胜的法宝。追随者高科技企业取得低碳技术突破并申请专利与领先者高科技企业进行竞争，这是最好的策略，有助于抢占并圈定市场获取高额的垄断利润。

占领市场是专利制度最主要的作用。市场是至关重要的，尤其是将要对低碳技术进行产业化的企业来说。从法律的角度上来说，用专利的独占权占有市场，对企业在市场经济中占有一定地位发挥了不容忽视的作用。对于企业来讲，不断提高自己产品的技术含量才能更好地占领和开拓市场。对于高科技企业而言，低碳技术或产品的研发投资和产业化投资时机会通过这种专利的独享权和其他不确定性因素糅合在一起受到影响。"赢者通吃"是专利区别于其他一般性项目的特征。高科技企业要想取得竞争的绝对优势，最好的策略就是采取自主研发来获取新低碳技术并申请专利，通过专利占领市场。

最后，如果追随者的高科技企业研发能力较弱，在短期内很难依靠自主研发获得低碳技术突破，这时想进入市场就可以考虑采纳技术交易市场的专利技术。根据 Huisman－Kort（2000）模型的分析可以看出，双方高科技企业在采纳新低碳技术时，会出现截然不同的均衡类型：占先博弈和消耗战。如果新低碳技术很快到来的可能性不算太大，占先博弈均衡占优。同时，追随者更有可能采用新低碳技术。但是占先均衡临界值会随着新低碳技术到来的加快而增大，这必然会推迟高科技企业开始投资的时机。一旦新低碳技术到来的时间变得更快并超过某个临界值，那么消耗战就出了。两个高科技企业为了在将来的竞争中立于不败之地都会选择投资于新低碳技术。此时，任何一方都不愿率先进入市场进行投资，但这种做法对博弈双方的高科技企业都没有好处。对于高科技企业而言这种情况要尽量避免。因此，对于高科技企业来说，合理控制低碳技术采纳的时间是至关重要的。为了避免在竞争中出现消耗战，高科技企业就需要在投资中充分考虑新低碳技术的到来以及采纳新低碳技术的合适时机。

根据本书提出的三层五要素模型可以看出，在第三层，低碳技术突破与专利对于高科技企业低碳技术创新投资决策来说至关重要。高科技企业可以采用新低碳技术抢占市场，在一段时间内获得丰厚的垄断利润。因此，高科技企业低碳技术创新投资的占先效应就非常的明显。而如果一开始高科技企业想进入一个已经存在领先者的市场，那么他就要依靠采用更新的低碳技术和专利来与领先者进行竞争，这就是后发优势。这时，先入投资者的总体收益并不如后来投资者。同时，对实物期权的博弈研究发现，竞争的存在使得任何先行者相互间的竞争都会完全抵掉他们之前的优势。福德伯格和提热勒（1985）在其研究中使用例子证明了这一观点。近年来，很多相关的理论研究也在关注后发优势，都塔（1995）也对后发优势进行了研究。事实上，无论哪个产业都存在着先发优势。先发优势在某些条件下会非常大，有可能将实物期权的等待价值完全抵消掉。可是，当企业本身不存在先发优势时，面对一个市场，后进入的高科技企业要想获得更大的市场份额，就必须不断提升研发能力，研究出比原有低碳技术更好的新专利技术抢占市场份额。这种新低碳技术的研发成功就是一种后发优势。如果追随者高科技企业研发能力不强，但是市场需求很大，要想进入市场就只能采用原先的低碳技术，这时只能分得一小部分利润；相反，如果追随者高科技企业研发能力很强，这时就可以依靠强大的研发能力研发出新低碳技术及专利抢占市场。当本身研发能力不足时，如果购买新技术或专利，则双方高科技企业就必须合理地控制采纳新低碳技术的速度防止出现对双方都不利的消耗战。

5.3　纵横扩展层分析之横向扩展

——多阶段投资决策

根据本书提出的高科技企业三层五要素决策分析模型，第 4 章在第三层考虑了高科技企业的新低碳技术及专利的采纳策略，使得第二层分析的期权博弈结构在纵向进行了扩展。下面将根据三层五要素决策模型，在第三层，考虑高科技企业低碳技术研发、专利以及产业化投资的多阶段性对高科技企业低碳技术创新投资决策的影响。

根据上一节的分析，追随者高科技企业采用新低碳技术获取专利与原先领先者高科技企业进行竞争，取得了后发优势。高科技企业获得技术突破并取得专利后将会考虑对技术和专利成果进行产业化。对于高科技企业投资决策者而言，这就是一个多阶段的低碳技术创新投资决策问题。低碳技术研发和专利获取阶段主要是考虑技术的不确定性，在进行产业化投资阶段，如果市场条件允许并且政策和市场需求都对高科技企业的低碳技术研发和专利成果的产业化非常有利，则高科技企业将会进行产业化投资；相反，如果市场需求不是很旺盛，而且政策环境对产业化不是很有利，则高科技企业会选择延迟或者停止产业化。获取技术突破的研发和专利投资阶段是产业化投资阶段的前提和必要条件。这种分段的投资决策思想实际上可以使高科技企业动态地进行低碳技术创新投资管理，以实现利益最大化。

由于人为因素、技术因素和市场因素的不确定性，低碳技术创新项目的价值很难在高科技企业获取技术突破的研发和专利阶段得到合理的评估。此外，在高科技企业的低碳技术研发和专利获取阶段，高科技企业投资决策者还具有投资管理的灵活性和柔性。如果高科技企业低碳技术研发成功获得技术突破及专利成果，高科技企业投资决策者将会根据情况选择是否进入产业化投资阶段。产业化投资阶段的不确定性主要是市场环境的不确定性。不同的市场环境对高科技企业产品影响不同，反过来又会影响高科技企业投资者的低碳技术创新投资决策。因此产业化阶段和研发、专利阶段一样具有投资的灵活性和柔性。高科技企业决策者可以在投资柔性的基础上灵活机动地选择低碳技术创新投资策略以实现利益最大化。

在低碳技术创新产业化投资阶段，各高科技企业在做出投资决策时都必须考虑竞争者的投资决策，而且也会在抢先投资和等待之间做出选择。因此在高科技企业的产业化投资阶段和研发及专利投资阶段一样，同样具有竞争的博弈特性。这就是三层五要素模型中的三个层次与五个要素之间的互动。

5.3.1 模型假设

应用期权博弈理论来解决高科技企业低碳技术创新投资的最佳投资时机问题，可以将高科技企业产业化投资收益看作一个看涨期权。

如图 5 - 1 所示，本节将高科技企业低碳技术创新的产业化投资分成初始投资和追加投资两个阶段进行分析。初始投资阶段主要是将低碳技术研发或者专利成果进行产业化测试，如果市场条件允许并且政策和市场需求都对企业的研发和专利成果的产业化非常有利，则高科技企业会选择进入下一个阶段即追加投资阶段；相反，如果市场需求不是很旺盛，而且政策环境对产业化不是很有利，则在第二阶段高科技企业会选择延迟或者停止产业化。初始投资阶段是追加投资阶段的前提和必要条件。这种分段的投资决策思想实际上可以让高科技企业动态地进行低碳技术创新投资管理，以实现利益最大化。

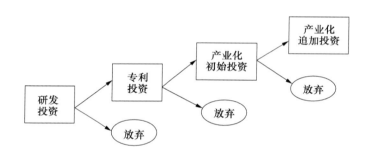

图 5 - 1　高科技企业多期投资模式

　　本节的分析是在上一节的基础上进行延伸，紧接三层五要素模型的第三层技术突破的分析，考虑取得技术突破获取专利后进行产业化投资的高科技企业的低碳技术创新投资决策问题。高科技企业获取低碳技术突破和专利后首先将成果在产业化初始投资阶段进行投资。如果初始投资阶段获得成功，在此基础上进入产业化追加投资阶段来扩大收益。我们假设高科技企业 1 获取专利后，抢先在产业化初始投资阶段将专利成果进行产业化，投入市场生产，每年的生产规模为一单位的产品，且在产业化追加投资阶段持有扩张期权。高科技企业 2 还没有进入市场。在追加投资阶段，假如高科技企业 1 执行了扩张期权，使得生产规模扩大 1 倍，与此同时，高科技企业 2 在产业化追加投资阶段进入市场，每年生产量为 1 个单位。

5.3.2 模型描述

迪萨思和泰克斯那（2003）归纳了一个期权博弈方法的一般框架。赵滟等（2004）应用期权博弈理论方法分析了存在竞争条件下的不确定性投资决策问题。建立了一个双寡头模型，并分析了模型的均衡状态。本节采用迪萨思和泰克斯那（2003）的分析思路，采用赵滟等（2004）的模型研究高科技企业获取低碳技术突破和专利后的产业化初始阶段和追加阶段的投资决策问题。

假设每个高科技企业在低碳技术创新投资时沉没成本 I。每年的利润函数为 $P_i = YD_i(m, n)(i = 1, 2)$。其中，$P_i$ 表示利润，$D_i(m, n)$ 是高科技企业 i 利润中确定的部分。其中 $D_i(m, n)$ 中前一分量代表高科技企业 i 的投资情况，后一分量代表另一家高科技企业的投资情况，若分量取值为 0 意味着表示高科技企业在初始投资和追加投资阶段都不投资；若分量取值为 1 代表高科技企业只在两个阶段的其中一个阶段进行投资；若分量取值为 2 意味着高科技企业会在初始投资和追加投资两阶段都投资。可以看出，如果 i = 1，则 m = 1 或 2，n = 1 或 0；如果 i = 2，则 m = 1，n = 1 或 2。

任何一个高科技企业执行期权必定会减少另一个高科技企业的价值。由此得到：

$$D_1(2, 0) > D_1(1, 0) > D_1(2, 1) > D_1(1, 1)$$

同样可以得出：

$$D_2(1, 1) > D_2(1, 2)$$

Y 是一个随机乘子，代表需求的随机变动，Y 满足：

$$dY = \alpha Ydt + \sigma Ydz \qquad (5-20)$$

其中，α 为漂移项；σ 为资产价格的变动率；dz 为标准维纳过程的增量。而投资的沉没成本为 I。进一步假设可复制性条件成立，且无风险利率 r 为折现率。

在产业化追加投资阶段，两个高科技企业都可以选择做领导者或追随者，因此我们要考虑两种情形：高科技企业 1 是领导者，高科技企业 2 是追随者；高科技企业 1 是追随者，高科技企业 2 是领导者。

（1）获取低碳技术突破已进入市场的高科技企业 1 为领导者时：

此时，领导者高科技企业执行扩张期权。通过构造投资组合，使用实物期权方法，可得追随者高科技企业 2 的价值 V_{2F} 可以表示为：

$$Y > Y_F，\quad V_{2F} = YD_2(1，2)/\delta - I$$

$$Y \leqslant Y_F，\quad V_{2F} = \frac{Y_F^{1-\beta_1}D_2(1，2)Y^{\beta_1}}{\beta_1\delta} \tag{5-21}$$

其中，β_1 为二次方程 $\frac{1}{2}\sigma^2\beta^2 + \left(r - \frac{1}{2}\sigma^2\right)\beta - r = 0$ 的正根，利用边界条件可得到阈值：

$$Y_F = \frac{\beta_1 I\delta}{(\beta_1 - 1)D_2(1，2)} \tag{5-22}$$

同理可得领导者高科技企业 1 的价值为：

$$Y > Y_F \quad V_{1L} = YD_1(2，1)/\delta - I$$

$$Y \leqslant Y_F \quad V_{1L} = Y_F^{1-\beta_1}[D_1(2，1) - D_1(2，0)]Y^{\beta_1}/\delta + D_1(2，0)Y/\delta - I \tag{5-23}$$

（2）已进入市场高科技企业 1 为追随者时：

同理，依照前面的分析方法，可以得出追随者高科技企业 1 的价值可以表示为：

$$Y > Y_F^* \quad V_{1F} = YD_1(2，1)/\delta - I$$

$$Y \leqslant Y_F^* \quad V_{1F} = Y_F^{*1-\beta_1}[D_1(2，1) - D_1(1，1)]Y^{\beta_1}/\delta\beta_1 + D_1(1，1)Y/\delta \tag{5-24}$$

其中，Y_{1F} 为高科技企业 1 作为追随者的价值。

领导者高科技企业 2 的价值 V_{2L} 可以表示为：

$$Y > Y_F^* \qquad V_{2L} = YD_2(1, 2)/\delta - I$$

$$Y \leq Y_F^* \qquad V_{2L} = Y_F^{*1-\beta_1}[D_2(1, 2) - D_2(1, 1)]Y^{\beta_1}/\delta + D_2(1, 1)Y/\delta - I$$

$$(5-25)$$

其中，Y_F^* 为阈值：

$$Y_F^* = \frac{\beta_1 I\delta}{(\beta_1 - 1)[D_1(2, 1) - D_1(1, 1)]} \qquad (5-26)$$

5.3.3　技术突破到产业化的多阶段投资决策

在高科技企业的低碳技术创新产业化的初始投资阶段，高科技企业投资决策者具有投资管理的灵活性和柔性。如果产业化初始投资阶段获得成功，高科技企业投资决策者将会根据情况选择进入产业化追加投资阶段。追加投资阶段和初始投资阶段一样具有投资的灵活性和柔性。高科技企业决策者可以在投资柔性的基础上灵活机动地选择投资策略以使得企业利益最大化。在低碳技术创新产业化初始投资阶段和追加投资阶段，各高科技在作出投资决策时都必须考虑竞争者的投资决策，在抢先投资和等待之间作出选择，因此，在产业化投资的初始投资和追加投资阶段都具有竞争的博弈特性。

获取低碳技术突破抢先进入市场的高科技企业 1 拥有竞争优势，在产业化初始投资阶段就可以获取市场利润，根据市场情况再作出追加投资的决定，实现利益最大化。对于追随者高科技企业来说，虽然是在后一阶段进入市场，但是根据市场需求的不同也可以选择做领先者。高科技企业将在做领导者的价值大于做追随者的价值时选择做领导者，反之亦然。

对于高科技企业低碳技术创新产业化阶段的投资来讲，技术的不确定性已经不是主要的因素，市场的不确定性才是关键因素。在竞争市场条件下，高科技企业的产业化投资决策不仅要考虑高科技企业之间的相互作用，而且还要将企业所面对的不确定性考虑在内。在高科技企业低碳技术研发、专利以及产业化投资的不同阶段，企业所面临的不确定性是不同的，需要将各种不确定性的影响和企业之间的相互作用综合加以考虑，才能制定出正确的投资决策策略。高科技企业在低碳技术突破获取专利阶段，主要受低碳技术不确定性的影响。而在后续的产业化阶段，高科技企业产业化投资的收益主要受整个市场环境的影响。同时这种投资的时滞和运营周期又都比较长，而且企业之间还具有竞争性，这就使得高科技企业低碳技术创新产业化投资既受到很多不确定因素的影响，又具有一定风险性。当然不确定性所带来的投资机会的价值也应被高科技企业产业化投资的经济效益评价所包含。同时投资者对未来投资的时机和由于竞争对手的参与对未来收益的影响都可以在对竞争的博弈分析中进行判断。企业在竞争环境中要创造竞争优势，就必须通过寻找新资源、新投资机会或者创新工艺流程来实现。而低碳技术创新多阶段的投资策略使得高科技企业能够动态地调整投资策略，充分利用了高科技企业自身改变现状能力的主动性和灵活性。因此在三层五要素模型第二层期权博弈分析方法的基础上，考虑高科技企业低碳技术创新投资的多阶段性可以有效地解决高科技企业在取得低碳技术突破后进行产业化投资项目评估中普遍蕴含的各种运营灵活性和机会的价值。伴随着实物期权博弈理论被引入到高科技企业低碳技术创新多阶段投资的研究中，投资决策也产生了更加客观、合理的分析评估方法。

在高科技企业低碳技术创新的产业化投资决策阶段，本节将高科技企业的产业化投资分成初始投资和追加投资两个阶段进行分析。研究了领先者高科技企业和追随者高科技企业的低碳技术创新投资策略和最优投资时机问题。

企业之间出现竞争，同时也往往会出现一个投资机会。当有很多企业都具有这种投资的能力时，其中某一个企业的投资决策的制定，必然会受到其他竞争对手的行动的影响。所以在不确定性竞争环境中，面对投资机会，高科技企业都必须考虑竞争对手的行为。在考虑竞争对手的投资策略的前提下，高科技企业才作出正确的低碳技术创新投资决策。

本章小结

本章主要分析了竞争市场条件下高科技企业低碳技术创新的投资决策问题。

根据三层五要素模型，首先分析了竞争市场结构对高科技企业低碳技术创新投资决策的影响。企业不仅要考虑低碳技术创新投资项目本身的特征，更要将竞争对手的策略考虑在内。而使用期权博弈的方法就能够很好地处理企业低碳技术创新投资项目本身的不确定性以及竞争者之间的相互作用的影响。在此基础上，根据三层五要素模型的第二层，分析了相互竞争的高科技企业之间的低碳技术创新投资博弈，在市场需求不足时，没有企业愿意投资。当需求达到一定的水平，企业就具有了先动优势，这时投资就会获得较高的利润流。而如果其中一个高科技企业抢先投资，另一个高科技企业就只能等待，只能选择不投资而作为追随者。当需求再次提高到一定的水平，追随者高科技企业进入市场。共同投资就出现在需求更高的时候，这时对于两个高科技企业来讲，同时投资是双方的最佳投资策略。不同的市场需求决定了不同的低碳技术创新投资策略。一般来讲，抢先投资的高科技企业会获得较大的垄断利润，因此很多企业大力进行低碳技术研发投资，采用高科技产品抢占市场，获取垄断利润。

接下来分析了低碳技术突破与专利和多阶段投资对高科技企业低碳技术创新投资决策的影响。这是三层五要素模型的第三层分析。技术突破为纵向扩展，高科技企业在后进入市场的情况下，为了和领先者企业进行竞争，最好的策略就是投资于新低碳技术，尤其是自主研发的新低碳技术，并获取专利圈定市场。因为如果追随者等待外来的新低碳技术到来再进行投资，就存在领先者高科技企业与之竞争的问题。双方都等待新低碳技术到来再进行投资时，就有可能会出现消耗战。因此，采用新低碳技术的时间是至关重要的，对投资决策有很大的影响。

高科技企业的低碳技术研发、专利以及产业化投资是一个序列的多阶段的投资过程。获取低碳技术突破抢先进入市场的高科技企业拥有竞争优势，在产业化初始投资阶段就可以获取市场利润，根据市场情况再作出追加投资的决定，实现利益最大化。对于追随者高科技企业来说，虽然是在后一阶段进入市场，但是根据市场需求的不同也可以选择做领先者。高科技企业将在做领导者的价值大于做追随者的价值时选择做领导者，反之亦然。

对于高科技企业低碳技术产业化阶段的投资来讲，市场的不确定性才是关键因素。在竞争市场条件下，高科技企业的低碳技术创新产业化投资决策不仅要考虑高科技企业之间的相互作用，而且还要将企业所面对的不确定性考虑在内。在高科技企业低碳技术研发、专利以及产业化投资的不同阶段，企业所面临的不确定性是不同的，需要将各种不确定性的影响和企业之间的相互作用综合加以考虑，才能制定出正确的投资策略。企业在竞争环境中要创造竞争优势，必须通过寻找新资源、新投资机会或者创新工艺流程来实现。而多阶段的投资策略使得高科技企业能够动态地调整低碳技术创新投资策略，充分利用了高科技企业自身改变现状能力的主动性和灵活性。

6

基于三层五要素模型的高科技企业
低碳技术创新投资决策建议

高科技企业的低碳技术创新投资决策有三个不同的层次。第一层是市场结构的影响，不同的市场结构会对高科技企业低碳技术创新投资决策产生不同的影响。拥有专利和技术突破的高科技企业就像在垄断市场进行投资，同时，由于低碳技术的不断进步，采用新低碳技术的高科技企业会和市场中已存在的高科技企业进行竞争，因此低碳技术进步在一定程度上决定高科技企业低碳技术创新投资的市场结构。

6.1　垄断市场投资决策

对于垄断市场，由于不用考虑竞争对手的投资决策，因此根据高科技企业低碳技术创新投资的不确定、不可逆性以及可延迟性，可以直接对高科技企业低碳技术创新投资按照实物期权方法进行评估和决策。在垄断市场情况下，享有技术优势或持有专利的高科技企业控制着市场、决定着价格，其他高科技企业由于缺乏相应的技术优势或没有相应专利而没有参与竞争的机会。这时，处于完全垄断市场控制者地位的高科技企业在进行低碳技术创新投资决策时，对于其他对手的反应不予考虑，只根据自己企业和低碳技术项目的状况以及市场本身的变化来考虑投资决策问题。

6.1.1 根据投资临界值决定最佳投资时机

根据三层五要素模型，垄断市场的期权分析中，我们得出了参数 σ_v、k 与 r 分别与高科技企业低碳技术项目投资的期权价值 F(V) 和最佳投资时机期权执行价值 V^* 之间的相关关系，分别如图 4 – 1、图 4 – 2、图 4 – 3、图 4 – 4、图 4 – 5、图 4 – 6 所示。

根据图 4 – 1 ~ 图 4 – 6 的分析可以看出，低碳技术投资项目的不确定性越大时，投资机会的价值 F(V) 也就越大，边界执行价值也越大。当企业的市场或者经济环境变得更不确定时，企业的市场价值可能会上升，但是只有当 V ≥ V^* 时投资者才能投资，V^* 随着 σ_v 的增长而大幅提高，这样投资对 R&D 项目价值的变动高度敏感，而且 σ_v 的提高也将提高 V^*，因而会降低投资。

当 k 增长时，高科技企业低碳技术创新投资项目的价值 V 的期望增长率就要下降，在这种情况下等待的成本就会变大，现在进行投资就优于将来进行投资。k 越大，投资的期权价值就越小，边界执行价值 V^* 也越小。

另外，无风险利率 r 的提高会降低投资成本的现值，但是不会降低其收益。然而尽管 r 的上升会提高企业投资期权的价值，同时也会导致这些期权得到更少的执行，因此，较高的利率会减少投资。

根据式（4 – 6）、式（4 – 7）、式（4 – 8）、式（4 – 9）可知：

$$F(V^*) = AV^{*\beta}$$

$$\beta = \frac{1}{2} - \frac{r-k}{\sigma_v^2} + \sqrt{\left(\frac{r-k}{\sigma_v^2} - \frac{1}{2}\right)^2 + \frac{2r}{\sigma_v^2}} > 1$$

$$V^* = \frac{\beta}{\beta - 1} I$$

$$A = \frac{(\beta - 1)^{(\beta - 1)}}{\beta^\beta I^{(\beta - 1)}}$$

因此，高科技企业投资者的低碳技术创新投资决策就是决定是否执行期权以及何时执行期权。对于投资者来说存在一个投资的临界点，当低碳技术项目价值达到临界值时，即出现最佳投资时机时，投资者进行投资的期权价值最大。高科技企业低碳技术项目最佳投资时机就是项目价值达到临界值 V^* 的时候。

假设某高科技企业现在有一个高科技低碳技术项目，由于实际投资情况比较复杂，我们必须做一些简化处理。首先，忽略建设时间。其次，不考虑财务杠杆的作用，假设所有的资本都是权益资本，从而只研究该高科技企业的低碳技术创新投资决策。假设该高科技企业即将对其高科技低碳技术项目进行开发，其初始投资成本 $I = 500$ 万元。我们采用每年 $15\% \sim 25\%$ 的波动率进行计算。因此，假设 $k = 0.04$、波动率 $\sigma_V = 0.2$、无风险利率 $r = 8\%$，同时，由式（4-7）、式（4-8）可得：

$$\beta = \frac{1}{2} - \frac{r - k}{\sigma_V^2} + \sqrt{\left(\frac{r - k}{\sigma_V^2} - \frac{1}{2} \right)^2 + \frac{2r}{\sigma_V^2}} = 1.56$$

$$V^* = \frac{\beta}{\beta - 1} I = 1392.857$$

上述计算结果表明，当该高科技低碳技术项目的开发项目的价值为 1392.857 万元时进行投资，能使其期权价值最大，从而使该开发项目投资总价值最大。而如果按传统 NPV 投资决策方法，只要 V 大于 500 万元就可投资，则会导致错误的投资决策，因为它忽略了现在就做出决定时的机会成本，因而放弃等待新信息的机会。

因此，高科技企业除了考虑投资成本外，还必须考虑投资的机会成本，不能忽略净现值为负或者为零的项目。对于存在不确定性和可逆性的高科技企业低碳技术创新项目投资，由于 $\beta > 1$，有 $\dfrac{\beta}{\beta - 1} > 1$，且 $V^* > I$，因此，简单的 NPV 规则是错误的。高科技企业可以根据低碳技术项目投资的不确定性、不可逆性以及投资战略的灵活性对当期投资还是延迟投资进行比较、分析和评价，并选择开始投资的最佳时机，以实现价值最大化。对于风险高、投资期长及与本模型推导假设条件相似的项目尤其适用，只是参数的取值应结合相关行业特征确定。实物期权方法更为科学、全面地考虑了存在不确定性和可逆性的高科技企业低碳技术创新项目的最优投资决策。通过投资临界值来选择高科技企业低碳技术创新项目投资的最优时机能够帮助投资决策者做出更加正确的投资决策。

6.1.2 技术保密与申请专利的权衡

在三层五要素模型的第三层，我们对实物期权评估方法进行了纵向扩展，考虑了低碳技术突破对投资决策的影响。据图 4 - 7 可以看出，高科技企业在低碳技术研发成功获取技术突破之后，可以在技术保密的情况下将成果进行产业化以获取市场收益；或者在取得低碳技术突破之后申请专利来圈定市场，然后再考虑是否进行产业化投资。假设专利保护是完美的，那么，如果高科技企业申请专利，可以迅速圈定市场。因此，从技术上讲，高科技企业在取得低碳技术突破之后，采用申请专利和技术保密两种不同的策略对高科技企业所持资产的价值和投资阈值的影响是不同的。这种不同可以通过具有平均到来率参数为 λ 的泊松过程来进行刻画。反过来这种对高科技企业所持资产的价值和投资阈值的不同影响将会直接导致高科技企业做出不同的低碳技术创新投资决策。

因此，高科技企业取得低碳技术突破之后，是否申请专利是高科技企业在制定投资战略时要考虑的问题。如果高科技企业取得低碳技术突破之后在技术保密的情况下直接进行产业化投资，则从获取技术保密到产业化投资的投资阈值满足式（4-21）：

$$(\beta_1 - \beta_2)B_2(P^*)^{\beta_2} + (\beta_1 - 1)P^*/k - \beta_1(C/r + I_2 + I_1) = 0$$

在高科技企业低碳技术研发成功获取技术突破之后，如果在技术保密的情况下将成果进行产业化以获取市场收益，此时各个阶段的投资临界值与在取得低碳技术突破之后申请专利来圈定市场，然后再考虑是否进行产业化时的投资临界值完全不同。这种不同是由于专利的存在而引入泊松过程参数 $\lambda > 0$ 体现出来的。而且高科技企业进行低碳技术研发和申请专利投资的投资临界值和开发专利投资的投资临界值也不相同。因此，高科技企业需要根据这两种不同情况各自所具有的投资临界值做出下一步低碳技术创新投资的决策。这种不同会使得高科技企业在作出投资决策时充分考虑低碳技术突破之后的投资策略。高科技企业取得低碳技术突破之后，是采取技术保密还是申请专利是高科技企业在制定低碳技术创新投资战略时要考虑的问题。

总之，获取低碳技术突破对于高科技企业是至关重要的，直接决定了高科技企业的发展。而根据三层五要素模型分析的技术突破要素的分析可以看出，获取低碳技术突破之后的处理方式对于高科技企业低碳技术创新投资决策来说更加具体、更加具有战略价值。

6.1.3 根据投资阈值作出多阶段投资决策

在三层五要素分析模型的第三层，我们考虑了高科技企业采取的多阶段投资策略。高科技企业为了控制风险，面对低碳技术和市场的各种不确定性，经常采取阶段性投资策略。下面我们针对低碳技术创新多阶段投资策略进行进一步分析。

根据式（4-47）

$$F_n(P) = D_n P^{\beta_1}$$

其中：

$$D_n = \frac{\beta_2 B_2}{\beta_1}(P_n^*)^{\beta_2 - \beta_1} + \frac{1}{k\beta_1}(P_n^*)^{1-\beta_1}$$

又求得各阶段的投资临界值 P_n^* 满足：

$$(\beta_1 - \beta_2)B_2(P_n^*)^{\beta_2} + (\beta_1 - 1)P_n^*/k - \beta_1(C/r + I_n + I_{n-1} + \cdots + I_m) = 0$$

当 $P \geqslant P_n^*$ 时，高科技企业执行其投资期权，且 $F_n(P) = V(P) - I_n$。

$$F_n(P) = D_n P^{\beta_1} \qquad P < P_n^*$$

$$F_n(P) = V(P) - I_n \qquad P \geqslant P_n^*$$

我们发现阈值 P_n^* 是高科技企业低碳技术项目多阶段投资决策中，各个投资阶段之间过渡的判定规则和标准。高科技企业低碳技术项目具体投资阶段的阶段特性以及作为投资决策选择标准的阈值 P_n^*，都是通过参数 k、波动率 σ 以及研发活动所涉及的成本 I 进行反映的。而阈值 P_n^* 是高科技企业低碳技术研发项目分阶段投资的具体阶段特性的表现，参数 k、波动率 σ 以及低碳技术研发活动所涉及的成本 I 取值的不同直接导致投资阶段间投资决策的差异，最终体现在 P_n^* 上。为研究方便，同时更直观地说明问题，下面以高科技企业低碳技术研发投资的两阶段模型为例，此时 P_n^* 可分别取值 P_1^* 和 P_2^*，在这种情况下进行参数影响分析。

6.1.3.1 波动率 σ 对临界值的影响

为研究方便，取 r = 0.05，k = 0.02，$I_1 = I_2 = 0.5$，C = 1。图 6-1 为波动率 σ 的变化与低碳技术创新投资阈值 P_1^* 和 P_2^* 变化的关系。在图 6-1 中，阈值 P_1^* 和 P_2^* 的值随着波动率的增加都增大。也就是说，波动率的增加意味着低碳技术创新投资风险增大，这时高科技企业低碳技术研发投资项目的价值也会随之增大，此时高科技企业会暂停投资以等待或者不投资，选择等待是最好的策略。

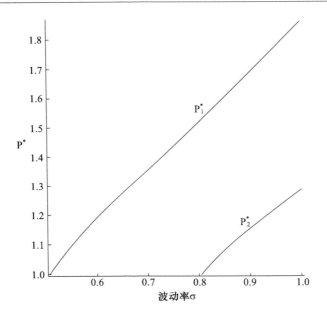

图 6-1　波动率对投资临界值的影响

6.1.3.2　持有收益率 k 对临界值的影响

取 $r = 0.05$，$\sigma^2 = 0.02$，$I_1 = I_2 = 0.5$，$C = 1$。图 6-2 为阈值 P_1^* 和 P_2^* 的变化随持有收益率 k 变化的关系。从图 6-2 中可以看出，阈值 P_1^* 和 P_2^* 的值都随着 k 的增加而增大。根据前面的分析有 $k = r - \alpha$，而 k 减小就表示低碳技术创新项目价值增加，低碳技术研发项目内在价值也增加，导致阈值降低。项目前景乐观，高科技企业最好的策略是马上投资。

6.1.3.3　成本 I 对临界值的影响

取 $r = 0.05$，$k = 0.02$，$\sigma^2 = 0.02$，$C = 1$。图 6-3 为阈值 P_1^* 和 P_2^* 的变化随着成本 I 的变化的关系。从图 6-3 中可以看出低碳技术创新投资阈值随着投资成本的增加而增大。由于成本的增加，就会导致阈值提升，此时高科技企业应该停止投资或者延迟投资，等待是最好的策略。

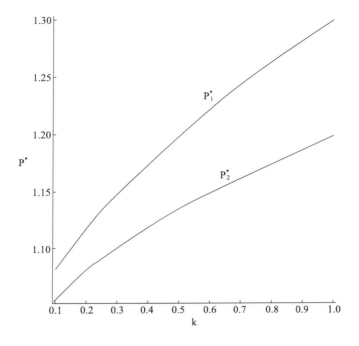

图 6 - 2   κ 对投资临界值的影响

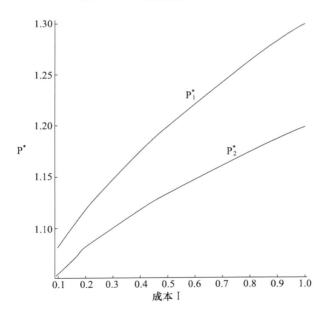

图 6 - 3   成本 I 对投资临界值的影响

对于高科技企业的低碳技术创新投资项目，由于项目存在诸多的不确定性，决策者一般采用分阶段投资策略。高科技企业低碳技术创新项目投资决策者一般只根据当前投资阶段的状况预测下一投资阶段的状况，并且考虑相邻的投资阶段间的期权关系。

因此，现实中的高科技企业会采取多阶段投资的策略来尽量规避技术和市场的各种不确定性。高科技企业的低碳技术创新投资决策者在进行多阶段投资时，判断高科技企业投资的每一个阶段是否过渡到下一个阶段的标准就是投资阈值。如果投资价值小于阈值则放弃下一阶段的投资，若投资价值大于阈值则进行下一阶段的投资。高科技企业投资决策者采用的这种分阶段投资的策略，充分考虑了各个阶段的不确定性对低碳技术创新投资决策的影响，同时增加了项目投资的战略价值，在此基础上帮助企业做出适应各种不确定性的正确的投资决策。

对于项目管理者而言，低碳技术创新项目投资的多阶段性增加了投资的灵活性以及项目的整体价值，使项目更具吸引力。高科技企业采用多阶段投资的方式使低碳技术创新项目评价更加全面。

对于高科技企业，分阶段投资一方面帮助企业最大限度地规避风险，使得价值最大化；另一方面也迫使项目经理在每一阶段都必须尽最大的努力，否则项目将无法继续，这样就最大限度地降低了项目运行过程中的代理成本，使股东的利益最大化。

在项目的运行过程中，如果出现由于竞争加剧对市场状况的负面预测或者项目本身运作出现问题等情况，使得项目的价值小于阶段的阈值，对于项目管理者而言就应该放弃项目，以减少损失，规避风险。

6.2 竞争市场投资决策

绝大多数情况下，高科技企业大都处于完全垄断与完全竞争市场结构中。因此，在高科技企业之间大都具有共享性的投资机会，显然，高科技企业之间的投资竞争也就不可避免地产生了。而高科技企业所拥有的投资期权的价值会因为竞争对手的竞争行为而减少。所以，对于高科技企业的低碳技术研究开发投资而言，必须将投资的不可逆性、不确定性、可延迟性、阶段性以及竞争性纳入同一决策框架中综合进行考虑，在三层五要素模型下进行低碳技术创新投资决策分析。

6.2.1 根据期权博弈方法决定投资策略

根据 5.1 中竞争市场的期权博弈分析可以看出，相互之间存在竞争的高科技企业可以根据市场情况在抢先投资、序贯投资和同时投资之间作出选择。

由于成本的不可逆性以及未来的诸多不确定性，高科技企业在进行低碳技术创新投资决策时必须选择投资时机，以使高科技企业的投资收益最大化。当有其他高科技企业参与竞争时，高科技企业所拥有的投资机会具有竞争性，竞争对手的抢先会给该高科技企业带来损失。由于整个市场的份额是一定的，在领先者高科技企业进入市场一段时间之后，追随者的加入对整个市场的状况和领先者高科技企业都会产生影响。拥有低碳技术研究开发优势并且拥有在同类产品中占优产品的领先者高科技企业会获得短暂的垄断利润，而竞争对手也会随之采取相应的投资策略推出自己的新低碳技术产品进行市场竞争。因此，高科技企业在进行低碳技术研究开发投资决策时不但要考虑其低碳技术项目投资的期权价值，还要将竞争对手的竞争策略考虑在内，对手的抢先会给自己带来损失，所以该高科技企业有可能提前行使投资期权。因此，处于博弈的框架下，企业间的投资决策和对手的反应决定了低碳技术创新投资项目的价值。

通过本节分析可以看出，高科技企业在进行低碳技术研发项目投资决策时必须同时考虑多方面的影响，包括不确定性、不可逆性与竞争性，同时关注柔性价值和由不同市场结构导致的竞争性带来的战略价值。尤其是在竞争市场结构下，高科技企业的投资决策需要根据对手的投资决策进行调整，同时结合市场的需求找出投资的最优时机。高科技企业在制定低碳技术创新投资策略，考虑何时抢先进入市场投资、何时作为追随者进入市场投资以及何时采取共同投资策略时，都必须考虑各种不确定性、考虑竞争对手的策略以及市场的需求，在这样一个的完整的框架下来寻找最优的低碳技术创新投资决策。

另外，由于存在先动优势，第一个开发出新低碳产品或者新低碳技术的厂商将会获得很大的优势和巨大的高额利润。因此，对于依靠低碳技术优势生存的高科技企业而言，能够依靠低碳技术突破和专利获得先动优势，抢先进入市场进行投资并获取巨额利润就是高科技企业低碳技术创新投资决策者必须采用的竞争手段。高科技企业将采取早投资（相比于垄断情形下的最优投资时机）以获取利益，目的提高其在产业中的相对竞争优势，这将不可避免对竞争者的行为产生影响。那么，对于权衡等待的期权价值与早投资的战略利益之间的关系就直接影响了高科技企业的低碳技术创新最优投资问题。

通过本节分析可以发现，高科技企业在进行低碳技术研发项目投资决策时必须同时考虑多方面的影响，包括不确定性、不可逆性与竞争性，同时关注柔性价值和由不同市场结构导致的竞争性带来的战略价值，在这样一个完整的框架下来寻找最优的低碳技术研究开发投资决策。

6.2.2 采用新技术和专利抢占市场

根据 Huisman – Kort（2000）模型的分析，结合三层五要素投资决策模型，我们可以看出在高科技企业的低碳技术创新投资中，低碳技术突破及专利会在很大程度上影响高科技企业的低碳技术创新投资决策和未来收益。而如何采纳新低碳技术以及如何选择采纳新低碳技术的时机都是高科技企业投资决策的重要组成部分。

在高科技企业的低碳技术创新投资中，未来新低碳技术的信息不断出现，从而产生了后发优势。新低碳技术出现的快慢决定了后发优势的大小。对于高科技企业来讲，如果领先者高科技企业已经采用老低碳技术在市场上进行投资，为了与之竞争并抢占市场，追随者高科技企业的最好策略是投资于新低碳技术与之竞争并抢占市场，这就是后发优势。

根据第 5 章的分析可以看出，临界值 Y_{11}^F 的值会随着 λ 的增大而相应增大。追随者高科技企业采用原低碳技术的临界值会升高。因此追随者高科技企业应该时刻关注新低碳技术的到来。尽量采用新低碳技术与领先者高科技企业进行竞争。

抢先进入市场的高科技企业将会在一段时间内获得巨大的高额垄断利润，而随后到来的追随者高科技企业只能得到很少的利润，完全无法和抢先进入的高科技企业相比较。但在现实中，在很多情况下如果高科技企业没有获得占先优势，只能作为追随者进入市场。这时要和抢先进入的高科技企业进行竞争，追随者高科技企业就要采用更新的低碳技术以最快的速度占领市场。

6.2.3 通过自主研发实现技术突破

对高科技企业来说，新低碳技术的出现有可能来自企业的自主研发，也有可能来自技术交易市场的专利购买。通过自主研发获取新低碳技术并申请专利是高科技企业的重要投资战略。

在高科技企业所投资的领域，如果市场活跃，新低碳技术到来很快，那么两个高科技企业都会等待新低碳技术的到来再进行投资；如果新低碳技术到来特别慢，那么两个高科技企业会选择采用旧的低碳技术进行投资。而无论采用新技术还是旧技术，双方高科技企业之间都存在竞争。而且高科技企业投资收益不确定性、市场的发展速度、贴现率以及市场需求都会对高科技企业采取新低碳技术还是旧低碳技术产生很大的影响。

如果这种新低碳技术来自于高科技企业的自主研发，那么对于追随者高科技企业而言，如果研发能力很强，新低碳技术很快就可以研发出来。这时，追随者高科技企业就可以等待自主研发出新低碳技术并申请专利，然后投资于新低碳技术进入市场与在位高科技企业进行竞争。这时，由于高科技企业拥有自主研发的新低碳技术和专利，所以高科技企业就可以迅速依靠更新的低碳技术和专利抢占市场甚至圈定市场。而由于专利的独占性和排他性，使得高科技企业在一段时间内获取巨额的垄断利润。因此，对于高科技企业来讲，大力提高自主研发能力是市场制胜的法宝。

占领市场是专利制度最主要的作用。对于高科技企业而言，技术或产品的研发投资和产业化投资时机会通过这种专利的独享的权利和其他不确定性因素糅合在一起受到影响。"赢者通吃"是专利区别于其他一般性项目的特征。如果高科技企业要取得竞争的绝对优势，最好的策略就是采取自主研发来获取新低碳技术并申请专利，通过专利圈定市场。

追随者高科技企业通过自主研发取得低碳技术突破并申请专利与领先者高科技企业进行竞争，这是最好的策略，有助于抢占并圈定市场获取高额的垄断利润。因此，对于高科技企业而言，大力提升低碳技术自主研发能力是企业的长期战略，是高科技企业得以生存和发展的重要保障。

6.2.4 合理控制采纳新技术的速度

如果追随者高科技企业低碳技术研发能力较弱，在短期内很难依靠自主研发获得技术突破，那么这时想进入市场就可以考虑采纳技术交易市场的专利技术。根据 Huisman – Kort（2000）模型的分析可以看出，双方高科技企业在采纳新技术时，会出现截然不同的均衡类型：占先博弈和消耗战。如果新低碳技术很快到来的可能性不算太大，占先博弈均衡占优，同时，追随者更有可能采用新低碳技术。但是占先均衡临界值会随着新低碳技术到来的加快而增大，这必然会推迟高科技企业开始投资的时机。一旦新低碳技术到来的时间变得更快并超过某个临界值，就会出现消耗战。两个高科技企业为了在将来的竞争中立于不败之地都会选择投资于新低碳技术。此时，任何一方都不情愿率先进入市场进行投资，但这种做法对博弈双方的高科技企业都没有好处，对于高科技企业而言这种情况要尽量避免。

根据 Huisman – Kort（2000）模型的分析，在 $0 \leqslant \lambda < \lambda_1$ 的情况下，新低碳技术的到来较为缓慢，同时，需求冲击很大，两个高科技企业将不再等待新低碳技术的到来，而优先选用现有低碳技术。λ 的这个临界值为：

$$\lambda_1 = \frac{(r - \alpha) D_{11}}{D_{21} - D_{11}}$$

在 $\lambda_1 \leqslant \lambda < \lambda_2$ 情况下，追随者高科技企业会因为新低碳技术可能很快到来而更偏向于选择等待并投资于新低碳技术 2。此时，

$$\lambda_2 = \frac{(r - \alpha) D_{10}}{D_{21} - D_{12}}$$

在 $\lambda_2 \leqslant \lambda < \lambda_3$ 情况下，两个高科技企业都知道等待新低碳技术的到来对自己更有利，因此都不愿意率先投资。所以，双方都希望出现

信息的披露效应，而对于抢先进入不是很感兴趣。

可得 λ 的临界值为：

$$\lambda_3 = \frac{(r - \alpha) D_{10}}{D_{22} - D_{12}}$$

高科技企业会因为追随者的价值始终大于领导者的价值而都不愿意成为领导者，虽然领导者可以获得一段时间的垄断利益，但因为使用了效率较低的低碳技术，会使得企业在今后的竞争中处于不利的地位。由于两个高科技企业都不投资，因此导致他们的价值都极低，两个高科技企业的价值都将低于领导者价值，更低于追随者价值，消耗战就是这样产生。随着泊松过程参数 λ 的增加，领导者采用已有低碳技术的概率会减小。

在 $\lambda \geq \lambda_3$ 情况下，可以忽略已有技术，两个高科技企业都将选择等待低碳技术 2 出现后再进行投资。

因此，对于高科技企业来说，合理控制低碳技术采纳的时间是至关重要的。为了避免在竞争中出现消耗战，高科技企业就需要在投资中充分考虑新低碳技术的到来以及在投资决策中考虑在合适的时机采纳新低碳技术。

在三层五要素模型的第三层，低碳技术突破对于高科技企业投资决策来说至关重要。先发优势在某些条件下会非常大，有可能将实物期权的等待价值完全抵消掉。可是，当企业本身不存在先发优势时，面对一个市场，后进入的高科技企业要想获得更大的市场份额，可以通过采用更先进的低碳技术与在位的高科技企业进行市场竞争。如果追随者高科技企业低碳技术研发能力很强，这时就可以依靠强大的研发能力研发出新低碳技术抢占市场。当然本身研发能力不足时，如果采用购买新低碳技术或专利，则就需要关注新低碳技术的动向，同时双方高科技企业就必须合理地控制采纳新低碳技术的速度防止出现对双方都不利的消耗战。

6.2.5 采用多阶段投资策略重新获取领先地位

在高科技企业低碳技术产业化阶段投资和前面的低碳技术研究开发以及专利阶段投资同样具有不确定性。同时在产业化阶段有更多的投资机会产生，并具有选择性，当然，随着不确定性以及来自高科技企业以及市场风险的增加，这种投资的期权价值也会增加。

对于高科技企业低碳技术产业化阶段的投资来讲，技术的不确定性已经不是主要的因素，而市场的不确定性才是关键因素。在竞争市场条件下，高科技企业的低碳技术产业化投资决策不仅要考虑高科技企业之间的相互作用，还要将企业所面对的不确定性考虑在内。在高科技企业低碳技术研发、专利以及产业化投资的不同阶段，企业所面临的不确定性是不同的，需要将各种不确定性的影响和企业之间的相互作用综合加以考虑，才能制定出正确的低碳技术创新投资决策策略。

高科技企业的低碳技术研发、专利以及产业化投资是一个序列多阶段的过程。获取低碳技术突破抢先进入市场的高科技企业 1 拥有竞争优势，在产业化初始投资阶段就可以获取市场利润，根据市场情况再做出追加投资的决定，实现利益最大化。对于追随者高科技企业来说，虽然是在后一阶段进入市场，但是根据市场需求的不同也可以选择做领先者。高科技企业将在做领先者的价值大于做追随者的价值时选择做领先者，反之亦然。

对于高科技企业低碳技术产业化阶段的投资来讲，本节将产业化投资分成两个阶段。在产业化投资阶段，技术的不确定性已经不是主要的因素，市场的不确定性才是关键因素。在高科技企业低碳技术研发、专利以及产业化投资的不同阶段，企业所面临的不确定性是不同的，需要将各种不确定性的影响和企业之间的相互作用综合考虑，才能制定出正确的低碳技术创新投资决策策略。企业在竞争环境中要创造竞争优势，就必须通过寻找新资源、新投资机会或者创新工艺流程来实现。而多阶段的投资策略使得高科技企业能够动态地调整低碳技术创新投资策略，充分利用了高科技企业自身改变现状能力的主动性和灵活性。因此，高科技企业投资决策者可以充分利用低碳技术创新投资的多阶段性，有效处理和解决高科技企业在取得低碳技术突破后进行产业化投资项目评估中普遍蕴含的各种运营灵活性和机会的价值。

本章小结

本章根据三层五要素模型的分析，对高科技企业的低碳技术创新投资提出了决策建议，以期能够指导高科技企业做出合理的投资决策。

根据三层五要素模型，在垄断市场中，对于低碳技术创新投资项目的评估，高科技企业应该采用实物期权的方法，将投资项目的机会价值考虑在内，尤其不能忽略净现值为负或者为零的项目。

其次，在决策的第三层，高科技企业获得低碳技术突破之后，要采用不同的技术突破策略。高科技企业在低碳技术研发成功获取技术突破之后，可以在技术保密的情况下将成果进行产业化以获取市场收益，或者在取得技术突破之后申请专利来圈定市场，然后再考虑是否进行产业化。从技术上讲，高科技企业在取得技术突破之后，采用申请专利和技术保密两种不同的策略对高科技企业所持资产的价值和投资阈值的影响是不同的。反过来这种对高科技企业所持资产的价值和投资阈值的不同影响将会直接导致高科技企业作出不同的低碳技术创新投资决策。

另外，在决策的第三层，考虑低碳技术创新多阶段投资的决策问题。高科技企业为了控制风险，面对技术和市场的各种不确定性，经常采取阶段性投资策略。在前一阶段投资完成之后，高科技企业需要

根据投资阈值 P_n^* 做出是否进入下一阶段的判断。投资价值小于阈值则放弃下一阶段的投资，投资价值大于阈值则进行下一阶段的投资。同时分析了影响投资阈值的因素，这就使得高科技企业投资决策者能够定量地对低碳技术创新投资做出判断。

根据三层五要素模型，在竞争市场，对于低碳技术创新投资项目的评估，高科技企业应该采用期权博弈的方法作出投资决策。在竞争市场中，高科技企业投资决策者要将低碳技术创新投资项目本身的不确定性和竞争者之间的相互作用都考虑在内。高科技企业将采取早投资以获取利益，是为了提高其在产业中的相对竞争优势。动态的经济环境给了竞争者相似的投资机会，然而竞争者仍然需要在考虑对手行为的前提下作出是早投资还是等待的决策。

无论哪个产业都存在先发优势。先发优势在某些条件下会非常大，完全可能将实物期权的等待价值抵消掉。可是，当企业本身不存在先发优势时，面对一个市场，后进入的高科技企业要想获得更大的市场份额，可以通过采用更先进的低碳技术与在位的高科技企业进行市场竞争。此时，如果追随者高科技企业低碳技术研发能力很强，那么最好的策略就是通过自主研发获取技术突破并申请专利来圈定市场，抢占市场份额。这种新低碳技术的研发成功就是一种后发优势。如果追随者高科技企业低碳技术研发能力不强，但是市场需求很大，要想进入市场就只能采用原先的技术，这时只能获得一小部分利润。相反，如果追随者高科技企业研发能力很强，就可以依靠强大的研发能力研发出新技术抢占市场。当然本身研发能力不足时，如果采用购买新低碳技术或专利的方式，则就需要关注新技术的动向，同时双方高科技企业就必须合理控制采纳新低碳技术的速度，防止出现对双方都不利的消耗战。

另外，在决策的第三层，考虑低碳技术创新多阶段投资决策问题。高科技企业的低碳技术研发、专利以及产业化投资是一个序列的多阶段的投资过程。获取低碳技术突破抢先进入市场的高科技企业拥有竞争优势，在产业化初始投资阶段就可以获取市场利润，根据市场情况再作出追加投资的决定，实现利益最大化。追随者高科技企业虽然是在后一阶段进入市场的，但是根据市场需求的不同也可以选择做领先者。高科技企业将在做领导者的价值大于做追随者的价值时选择做领先者，反之亦然。

对于高科技企业低碳技术创新产业化阶段的投资来讲，市场的不确定性才是关键因素。在竞争市场条件下，高科技企业的产业化投资决策不仅要考虑高科技企业之间的相互作用，而且还要将企业面对的不确定性考虑在内。因此，高科技企业投资决策者应该充分采用多阶段投资策略，有效处理和解决高科技企业在取得低碳技术突破后进行产业化投资项目评估中普遍蕴含的各种运营灵活性和机会的价值，最终使得企业收益最大化、风险最小化。

三层五要素模型层层深入递进，一个全方位立体的低碳技术创新投资决策模型就完全将高科技企业的低碳技术创新投资决策纳入在一个框架里进行解决。

市场结构、期权价值、期权博弈、技术突破与专利以及多阶段特征共同构成了三个层次中五个最重要的分析要素。以上三个层次层层递进深入，五个要素与三个层次交叉互动，共同构成了高科技企业低碳技术创新投资决策的分析体系和模型。

7

研究结论与展望

7.1 本书主要结论

本书主要研究基于垄断和竞争市场结构下的高科技企业的低碳技术研究开发、专利以及产业化投资决策问题。由于传统的投资决策方法不能很好地处理高科技企业低碳技术研究与开发、专利以及产业化整个过程所面临的种种问题，因此本书在对高科技企业低碳技术创新投资所面临的不确定性、不可逆性、阶段性、可延迟性及竞争性的分析基础上，结合高科技企业自身的特征构建了高科技企业低碳技术创新投资决策的三层五要素决策分析模型。三层是指市场结构层、决策方法层以及纵横扩展层；五要素是指市场结构、实物期权价值、期权博弈、技术突破与专利和多阶段。三层五要素决策分析模型将高科技企业低碳技术研发、专利以及产业化投资阶段所面临的种种特性纳入同一分析框架下进行研究。以上三个层次层层递进深入，五个要素与三个层次交叉互动，共同构成了高科技企业低碳技术创新投资决策的分析体系和模型。本书根据三层五要素决策分析模型对高科技企业的低碳技术创新投资决策进行研究，力求得出针对高科技企业低碳技术创新投资的完整准确的投资决策体系，对高科技企业低碳技术创新投资作出全面准确的决策评估。

根据三层五要素模型分析的市场结构层，结合高科技企业低碳技术创新投资项目的特征，将市场结构分成垄断和竞争两种。分别研究处于垄断市场和竞争市场的高科技企业的低碳技术创新投资决策问题。

对于垄断市场条件下的高科技企业低碳技术创新投资决策问题，根据三层五要素决策分析模型，首先使用决策方法层的实物期权方法对高科技企业低碳技术研发项目进行了价值评估，同时做了参数分析。高科技企业低碳技术创新投资者的投资决策就是决定是否执行期权以及何时执行期权。对于投资者来说存在一个投资的临界点，当项目价值达到临界值时，即出现最佳投资时机时，投资者进行投资的期权价值最大。

采用实物期权方法评估高科技企业的低碳技术创新投资价值之后，本书根据三层五要素模型的第三层对决策方法进行了横向和纵向的扩展。在纵向扩展方面，考虑技术突破与专利对投资决策的影响。

高科技企业在低碳技术研发成功获取技术突破之后，可能考虑获取专利保护而公开（部分）技术，再进行产业化，也可能不去申请专利而在研发成功技术保密状态下，直接进行产业化投资。基于以上两种类型的投资模式，本书分别研究了两种状态下的高科技企业低碳技术创新投资决策问题。如果高科技企业研发成功后申请专利再产业化，由于专利保护的排他性特性，专利申请行为会影响高科技企业资产所服从的随机过程。在高科技企业申请专利之前，如果其他高科技企业申请专利，则其所持资产价值立即下降为零；但如果高科技企业申请专利，他就"圈定"了该专利产品的开发权利，可以等待更好的时机再进行开发。高科技企业在取得低碳技术突破之后，采用申请专利和技术保密两种不同的策略对高科技企业所持资产的价值和投资阈值的影响是不同的。这种不同可以通过具有平均到来率参数为 λ 的泊松过程来进行刻画。反过来，这种对高科技企业所持资产的价值和投资阈值的不同影响，将会直接导致高科技企业作出不同的低碳技术创新投资决策。这种分类的考虑将使之对高科技低碳技术类项目的评价更加客观、全面，也可以作为对高科技企业降低项目运作不确定性风险的建议。

根据三层五要素模型分析的第三层技术突破的分析可以看出，技术突破在高科技企业的生存和发展中起着至关重要的作用。而获取技术突破之后采取不同的策略也会直接影响高科技企业的投资决策。高科技企业在取得低碳技术突破之后在技术保密的情况下进行产业化投资，其持有的资产价值和取得技术突破之后申请专利再进行产业化投资所持有的价值是不同的，这种不同会影响高科技企业下一步的投资决策。总之，获取低碳技术突破对于高科技企业是至关重要的，直接决定了高科技企业的发展。根据三层五要素模型分析的技术突破要素的分析可以看出，获取技术突破之后的处理方式对于高科技企业投资决策来说更加具体、更加具有战略价值。

高科技企业低碳技术研究开发、专利以及产业化投资是一个序列的多阶段的投资决策过程，包含一系列有联系的阶段，不能孤立地考虑其研究开发、专利还是产业化。根据三层五要素模型的第三层采用多阶段要素在横向对投资决策进行扩展，考虑高科技企业的低碳技术多阶段投资决策问题。高科技企业低碳技术创新项目投资主要是考虑项目会产生有价值的未来投资机会，而不是考虑其即时收益。本书针对低碳技术研发项目投资的高风险、高收益性以及分阶段资金注入的特点构建了基于实物期权理论的低碳技术研发投资动态、多阶段决策评价模型。模型对高科技企业投资的各个阶段的投资阈值进行了分析，投资价值小于阈值则放弃下一阶段的投资；反之，投资价值大于阈值则进行下一阶段的投资。低碳技术创新投资项目不确定性的增大直接导致投资阈值的增加，企业则会倾向于推迟投资。本书对模型中的参数给出了确定的方法并详细阐述了模型中各参数对投资决策的影响。此模型使高科技企业能够动态、准确地评价高科技企业低碳技术创新投资项目投资的价值和风险，提高投资决策者的效率。

以上是根据三层五要素模型对垄断市场情况下高科技企业低碳技术创新投资决策问题进行的分析。结合实物期权价值、技术突破与专利和多阶段等要素，构建了全面丰富的高科技企业投资评估体系。

本书接下来主要研究竞争市场的高科技企业低碳技术创新研究开发、专利以及产业化投资决策问题。

在竞争市场，高科技企业在实施投资决策时，作为创新主体的高科技企业会面临技术以及市场的多方面不确定性，投资成本的不可逆性以及竞争对手投资决策行为的影响。因此在三层五要素分析模型的第二层，采用期权博弈方法分析了高科技企业之间的竞争策略。基于期权博弈的理论与方法，在竞争性市场结构下，详细分析了高科技企业低碳技术创新投资的竞争与合作问题，并进行均衡分析。运用现有的连续时间条件对称双头垄断期权博弈模型，研究了高科技企业在不确定条件下的策略性投资决策。在高科技企业的低碳技术创新投资决策中，必须考虑不确定性、不可逆性与竞争性的影响，不但要考虑柔性价值，还要考虑不同市场结构导致的竞争性所带来的战略价值，并试图在这样一个整体框架下寻找最优的投资策略。当存在抢先的投资优势时，抢做领先投资者是符合企业利益最大化原则的；然而在某些时候，同时投资是更好的策略，此时，同时投资即为首选；不过企业总有争当领先者的动力，当同时投资的价值小于领先性的投资价值时，就会损坏延迟投资的价值。

当只有一个高科技企业进入市场进行低碳技术投资时，这个高科技企业会由于没有竞争而获得完全垄断收益，然而这种情况将会一直持续到另外一方也进入市场时被打破，同时收益大大减少。

接下来根据本书提出的三层五要素模型的第三层，分析了高科技企业的新低碳技术采纳策略。

根据 Huisman – Kort 模型（2000）的分析，结合三层五要素投资决策模型，我们可以看出在高科技企业的低碳技术创新投资中，技术突破及专利会在很大程度上影响高科技企业的投资决策和未来收益。而如何采纳新低碳技术以及如何选择采纳新低碳技术的时机都是高科技企业投资决策者必须考虑的问题。

首先，前面分析了高科技企业低碳技术研发投资的先动优势，可以看出，抢先进入市场的高科技企业将会在一段时间内获得巨大的高额垄断利润，而随后到来的追随者高科技企业只能得到很少的利润，完全无法与抢先进入的高科技企业相比较。但是现实中，很多情况下，如果高科技企业没有获得占先优势，只能作为追随者进入市场。这时要和抢先进入的高科技企业进行竞争，追随者高科技企业就要采用更新的低碳技术以最快的速度占领市场。在高科技企业的投资中，未来新低碳技术出现的信息不断出现，从而产生了后发优势。新低碳技术出现的快慢决定了后发优势的大小。

其次，对高科技企业来说，这种新低碳技术的出现有可能来自企业的自主研发，也有可能来自技术交易市场的专利购买。通过自主研发获取新低碳技术并申请专利是高科技企业的重要投资战略。在高科技企业所投资的领域，市场活跃，新低碳技术到来很快，那么两个高科技企业会都等待新低碳技术到来后再进行投资；如果新低碳技术到来特别慢，那么两个高科技企业会选择采用旧技术进行投资。而无论采用新低碳技术还是旧低碳技术，双方高科技企业之间都存在竞争。而对追随者高科技企业而言，如果这种新低碳技术来自高科技企业的自主研发，那么对于追随者高科技企业而言，如果低碳技术研发能力很强，新低碳技术很快就可以研发出来。这时，追随者高科技企业就可以等待自主研发出新低碳技术并申请专利，然后投资新低碳技术进入市场与在位高科技企业进行竞争。因此，对于高科技企业来讲，大力提高低碳技术自主研发能力是市场制胜的法宝。追随者高科技企业取得技术突破并申请专利与领先者高科技企业进行竞争，这是最好的策略，有助于抢占并圈定市场获取高额的垄断利润。

占领市场是专利制度最主要的作用。对于高科技企业而言，低碳技术或产品的研发投资和产业化投资时机会通过这种专利的独享的权利和其他不确定性因素糅合在一起受到影响。"赢者通吃"是专利区别于其他一般性项目的特征。那么如果高科技企业要取得竞争的绝对优势，最好的策略就是采取自主研发来获取新低碳技术并申请专利，通过专利圈定市场。

最后，如果追随者高科技企业低碳技术研发能力较弱，在短期内很难依靠自主研发获得技术突破，这时想进入市场就可以考虑采纳技术交易市场的专利技术。根据 Huisman – Kort（2000）模型的分析可以看出，双方高科技企业在采纳新技术时，会出现截然不同的均衡类型：占先博弈和消耗战。如果新低碳技术很快到来的可能性不算太大，占先博弈均衡占优。同时，追随者更有可能采用新低碳技术。但是占先均衡临界值会随着新低碳技术到来的加快而增大，这必然会推迟高科技企业开始投资的时机。一旦新低碳技术到来的时间变得更快并超过某个临界值，就会导致消耗战。两个高科技企业为了在将来的竞争中立于不败之地都会选择投资于新低碳技术。此时，任何一方都不愿率先进入市场进行投资，但这种做法对博弈双方的高科技企业都没有好处，对于高科技企业而言这种情况要尽量避免。

因此，对于高科技企业来说，合理控制低碳技术采纳的时间是至关重要的。为了避免在竞争中出现消耗战，高科技企业需要在投资中充分考虑新低碳技术的到来并在投资决策中考虑在合适的时机采纳新低碳技术。

根据本书提出的三层五要素模型可以看出，在第三层，技术突破与专利对于高科技企业投资决策来说至关重要。高科技企业可以采用新低碳技术抢占市场，在一段时间内获得丰厚的垄断利润。因此，高科技企业低碳技术创新投资的占先效应就非常明显。可是，当企业本身不存在先发优势时，一开始高科技企业想进入一个已经存在领先者的市场，那么后进入的高科技企业要想获得更大的市场份额，就必须大幅度提升低碳技术研发能力，研究出比原有技术更好的新低碳专利技术抢占市场份额。这种新低碳技术的研发成功就是一种后发优势。当然，本身低碳技术研发能力不足时，如果采用购买新低碳技术或专利，双方高科技企业就必须合理控制采纳新低碳技术的速度防止出现对双方都不利的消耗战。

根据本书提出的高科技企业三层五要素决策分析模型第三层，考虑多阶段性要素，研究高科技企业在竞争市场条件下的低碳技术研发、专利以及产业化投资的多阶段投资决策问题。

高科技企业获得低碳技术突破并取得专利后会考虑对技术和专利成果进行产业化。对于高科技企业低碳技术创新投资决策者而言，这就是一个多阶段的投资决策问题。低碳技术研发和专利获取阶段主要是考虑技术的不确定性，在产业化投资阶段，如果市场条件允许并且政策和市场需求都对高科技企业的低碳技术研发和专利成果的产业化非常有利，则高科技企业将会进行产业化投资；相反，如果市场需求不是很旺盛，而且政策及经济环境对产业化不是很有利，则高科技企业会选择延迟或者停止产业化投资。为获取低碳技术突破的研发和专利投资阶段是产业化投资阶段的前提和必要条件。这种分段的投资决策思想实际上可以让高科技企业动态进行低碳技术创新投资管理，以实现利益最大化。

高科技企业的低碳技术产业化投资可以分为初始投资和追加投资两个阶段进行分析。产业化初始投资阶段是追加投资阶段的前提和必要条件。这种分段的投资决策思想实际上可以让高科技企业动态地进行低碳技术创新投资管理，以实现利益最大化。产业化初始投资成功后，进入追加投资阶段。决策者在此阶段过程中同样有着增长、扩大（收缩）、延迟和放弃等柔性决策的选择并需要面对激烈的市场竞争。本节分析高科技企业产业化投资的期权博弈特性，研究了领先者和追随者高科技企业的低碳技术创新投资策略和最优投资时机问题。获取低碳技术突破抢先进入市场的高科技企业拥有竞争优势，在产业化初始投资阶段就可以获取市场利润，根据市场情况再作出追加投资的决定，实现利益最大化。对于追随者高科技企业来说，虽然是在后一阶段进入市场的，但是根据市场需求的不同也可以选择做领先者。高科技企业将在做领先者的价值大于做追随者的价值时选择做领先者，在做追随者的价值大于做领先者的价值时选择做追随者。

在高科技企业低碳技术产业化投资阶段，各高科技企业在作出投资决策时都必须考虑竞争者的投资决策，而且会在抢先投资和等待之间做出选择。因此在产业化投资阶段都具有竞争的博弈特性。这就是三层五要素模型中的三个层次与五个要素之间的互动。

在以上分析的基础上，本书最后根据三层五要素模型的分析给出了高科技企业低碳技术创新的投资决策建议，以期能够指导高科技企业作出合理的低碳技术创新投资决策。

根据三层五要素模型，在垄断市场中，首先对于投资项目的评估，高科技企业应该采用实物期权的方法，将低碳技术创新投资项目的机会价值考虑在内，尤其不能忽略净现值为负或者为零的项目。其次，在决策的第三层，高科技企业获得低碳技术突破之后，要采用不同的技术突破的策略，采用申请专利和技术保密两种不同的策略对高科技企业所持资产的价值和投资临界值的影响是不同的。反过来，这种对高科技企业所持资产的价值和投资临界值的不同影响将会直接导致高科技企业做出不同的低碳技术创新投资决策。另外，在决策的第三层，考虑多阶段投资的决策问题。高科技企业为了控制风险，面对技术和市场的各种不确定性，经常采取阶段性投资策略。那么在前一阶段投资完成之后，高科技企业需要根据投资阈值 P_n^* 作出是否进入下一阶段的判断。投资价值小于阈值则放弃下一阶段的投资，投资价值大于阈值则进行下一阶段的投资。同时分析了影响投资阈值的因素，这就使得高科技企业投资决策者能够定量地对低碳技术创新投资做出判断。

根据三层五要素模型，在竞争市场，对于低碳技术创新项目的评估，高科技企业应该采用期权博弈的方法作出投资决策。在竞争市场中，高科技企业投资决策者要将低碳技术创新投资项目本身的不确定性和竞争者之间的相互作用都考虑在内。因此采用期权博弈的方法作出投资决策。高科技企业将采取早投资以获取利益，目的是提高其在产业中的相对竞争优势，动态的经济环境给了竞争者相似的投资机会，然而竞争者仍然需要在考虑竞争对手行为的前提下作出是早投资还是等待的决策。另外，先动优势在某些条件下会非常大，高科技企业应该充分利用先动优势抢占市场。可是，当企业本身不存在先动优势时，面对一个市场，后进入的高科技企业要想获得更大的市场份额，可以通过采用更先进的低碳技术与市场中已存在的高科技企业进行市场竞争。此时，如果追随者高科技企业低碳技术研发能力很强，最好的策略就是通过自主研发获取低碳技术突破并申请专利来圈定市场，抢占市场份额。这种新低碳技术的研发成功就是一种后发优势。当然本身低碳技术研发能力不足时，如果采用购买新技术或专利，就需要关注新低碳技术的动向，同时双方高科技企业就必须合理控制采纳新低碳技术的速度防止出现对双方都不利的消耗战。另外，在决策的第三层，考虑多阶段投资决策问题。高科技企业的低碳技术研发、专利以及产业化投资是一个序列多阶段的过程。获取低碳技术突破抢先进入市场的高科技企业拥有竞争优势，在产业化初始投资阶段就可以获取市场利润，根据市场情况再作出追加投资的决定，实现利益最大化。对于追随者高科技企业来说，虽然是在后一阶段进入市场，但是根据市场需求的不同也可以选择做领先者。高科技企业将在做领导者的价值大于做追随者的价值时选择做领导者，反之亦然。对于高科技企业低碳技术创新产业化阶段的投资来讲，市场的不确定性才是关键因素。在竞争市场条件下，高科技企业的产业化投资决策不仅要考虑高科技企业之间的相互作用，而且还要将企业所面对的不确定性考虑在内。将高科技企业低碳技术创新产业化投资分成初始投资和追加投资两个阶段进行分析。这种分段的投资决策思想实际上可以让高科技企业动态地进行投资管理，以实现利益最大化。

市场结构、实物期权价值、期权博弈、技术突破与专利和多阶段构成了三个层次中五个最重要的分析要素。以上三个层次层层递进深入，五个要素与三个层次交叉互动，共同构成了高科技企业低碳技术创新投资决策的分析体系和模型。

7.2　研究局限性及展望

高科技企业研究开发、专利以及产业化投资决策问题的研究具有非凡的理论及现实意义。虽然近年来发展起来的投资战略分析理论与方法——期权博弈理论已经获得了巨大的成功，但由于高科技企业投资决策的复杂性和期权博弈理论的成熟性，相当多的领域需要做深入的研究。根据当前国内外的研究进展和本书的研究结论，笔者认为可以在以下领域做深入研究：

（1）在高科技企业投资决策领域应用期权博弈理论进行均衡分析方面没有形成标准的方法和工具。我们需要进一步研究期权博弈理论方法的直观化，这也使该理论方法在项目投资实践中的推广应用受到直接影响。如何寻找期权博弈问题的解析解及通过快速运算的仿真方法求解，在实际的市场情况下应用实物期权博弈理论方法的问题还需要深入研究。

（2）相对于在相关的文献中研究投资，退出的研究比较少见，这也是今后进行高科技企业研发、专利以及产业化投资方面的一个重要的研究方向。

（3）当前的研究大多数是针对双寡头垄断情况，针对三家以上的多寡头在不完全信息条件下的竞争情形进行研究是未来的主要研究方向之一。

（4）结合投资者的有限理性，如何将行为金融与高科技企业投资相结合也是一个重要的研究课题。

参考文献

［1］ Amram M, Kulatilaka N. Real Options: Managing Strategic Investment in an Uncertain World ［M］. Boston: Harvard Business School Press, 1999. 中译本: 张维等译. 实物期权——不确定性环境下的战略投资管理［M］. 北京: 机械工业出版社, 2001.

［2］ Ankarhem M, A. Dual. Assessment of the Environmental Kuznets Curve: The Case of Sweden ［R］. Umea Economic Studies, 2005, 660.

［3］ Arnd Huchzermeier, Christoph H. Loch. Project Management Under Risk: Using the Real Options Approach to Evaluate Flexibility in R&D ［J］. Management Science, 2001, 47 （1）: 85 – 101.

［4］ Aspremont C, Jacquemin A. Cooperative and Noncooperative R&D in Duopoly with Spillovers ［J］. The American Economic Review, 1988, 78 （5）: 1133 – 1138.

［5］ Berk J. B, Green R. C, Naik V. Valuation and Return Dynamics of New Ventures ［J］. The Review of Financial Studies, 2004, 17 （1）: 1 – 35.

［6］ Boffey P. M. China and Global Warming: Its Carbon Emissions Head Toward The Top ［N］. The New York Times, 1993.

［7］ Brennan M. J, Schwartz E. S. Evaluating Natural Resource Investments ［J］. The Journal of Business, 1985, 58 （2）: 135 – 157.

[8] Cavallo E, Ferrari E, Bollani L, Coccia M. Attitudes and Behaviour of Adopters of Technological Innovations in Agricultural Tractors: A Case Study in Italian Agricultural System [J]. Agricultural Systems, 2014, 130: 44 – 54.

[9] Choi J. P. Dynamic R&D Competition, Research Line Diversity and Intellectual Property Rights [J]. Journal of Economics and Management Strategy, 1993, 2 (2): 277 – 297.

[10] Copeland T. , et al. Valuation: Measuring and Managing the Value of Companies [J] . New York: John Wiley and Sons, 1990.

[11] Copeland T, Antikarov V. Real Options: A Practitioner's Guide [M]. New York: Texere LLC, 2001.

[12] Decamps J, Mariotti T, Villeneuve S. Investment Timing under Incomplete Information [J]. Mathematics of Operations Research, 2005, 30 (2): 472 – 500.

[13] Dias M. A. G, J. P. Teixeira. Continuous – Time Option Games: Review of Models and Extensions. Partl: Duopoly under Uncertainty [C]. 7th Annual International Real Options Conference, Washington DC July 10 – 12, 2003: 21 – 43.

[14] Dixit A. K, Pindyck R. S. The Options Approach to Capital Investment [J]. Harvard Business Review, 1995 (5 – 6): 105 – 115.

[15] Dixit A. K, Pindyck R. S. Investment under Uncertainty [M]. Princeton: Princeton University Press, 1994.

[16] Doraszelski U. Innovations, Improvements, and the Optimal Adoption of New Technologies [R]. Working Paper, Hoover Institution, Stanford University, 2002.

[17] Dutta P. K, S. Lach, A. Rustichini. Better Late than Early: Vertical Differentiation in the Adoption of a New Technology [J]. Journal of

Economics and Management Strategy, 1995 (4): 563 - 589.

[18] Edmonds J, Clarke J, Dooley J, et al. Stabilization of CO_2 in a B2 World: Insights on the Roles of Carbon Capture and Disposal, Hydrogen, and Transportation Technologies [J]. Energy Economics, 2004, 26 (4): 517 - 537.

[19] Friedl G. Sequential Investment and Time to Build [J]. Schmalenbach Business Review, 2002, 54 (1): 56 - 79.

[20] Friedl, Getzner M. Determinants of CO_2 Emissions in a Small Open Economy [J]. Ecological Economics, 2003, 45 (1): 133 - 148.

[21] Fudenberg D, J. Tirole. Preemption and Rent Equalization in the Adoption of New Technology [J]. The Review of Economic Studies, 1985 (52): 383 - 401.

[22] Garlappi L. Preemption Risk and the Valuation of R&D Ventures [R]. Working Paper, The University of British Columbia, 2000.

[23] Geske R. The Valuation of Compound Options [J]. Journal of Financial Economics, 1979, 7 (1): 63 - 81.

[24] Gilbert R, Newbery D. Preemptive Patenting and the Persistence of Monopoly [J]. American Economic Review, 1982, 72 (3): 514 - 526.

[25] Gossman G, Krueger A. Economic Growth and the Environment [J]. Quarterly Journal of Economics, 1995, 110 (2): 353 - 378.

[26] Grenadier S. R. Game Choices: The Intersection of Real Options and Game Theory [M]. London: Risk Books, 2000.

[27] Grenadier S. R. Option Exercise Games: An Application to the Equilibrium Investment Strategies of Firms [J]. Review of Financial Studies, 2002, 15 (3): 691 - 721.

[28] Grenadier S. R. The Strategic Exercise of Options: Development Cascades and Overbuilding in Real Estate Markets [J]. The Journal of Fi-

nance, 1996, 51 (5): 1653 – 1679.

[29] Grubb. The Relationship between Carbon Dioxide E – missions and Economic Growth [R]. Oxbridge: CO_2 – GDP Relationships, 2004.

[30] Haley B. Low – carbon Innovation from a Hydroelectric Base: The Case of Electric Vehicles in Québec [J]. Environmental Innovation and Societal Transitions, 2015, 14: 5 – 25.

[31] Halmenschlager C. Spillovers and Absorptive Capacity in a Patent Races [J]. The Manchester School, 2006, 74 (1): 85 – 102.

[32] Harris C, Vikers J. Racing with Uncertainty [R]. Review of Economic Studies, 1987, 54 (1): 1 – 21.

[33] Hemantha S. B. Herath, Chan S. Park. Multi – Stage Capital Investment Opportunities as Compound Real Options [J]. Engineering Economist, 2002, 47 (1): 1 – 27.

[34] Hodder J. , Riggs H. Pitfalls in Evaluating Risky Projects [J]. Harvard Business Review, 1985, 63 (1): 128 – 135.

[35] Hoppe H. C. Second – mover Advantages in the Strategic Adoption of New Technology under Uncertainty [J]. International Journal of Industrial Organization, 2000, 18 (2): 315 – 338.

[36] Hsu Y, Lambrecht B. Preemptive Patenting under Uncertainty and Asymmetric Information [J]. Annals of Operations Research, 2007, 151: 5 – 28.

[37] Huisman K. J. M. Strategic Technology Adoption Taking into Account Future Technological Improvements: A Real Option Approach [J]. European Journal of Operational Research, 2004, 159: 705 – 728.

[38] Huisman K. J. M, Kort P. M. Strategic Technology Investment under Uncertainty [R]. Center Discussion Paper 9918, Tilburg University, Center, Tilburg, the Netherlands, 1999.

［39］ Huisman K. J. M, Kort P. M. Strategic Technology Adoption Taking into Account Future Technological Improvements: A Real Option Approach ［R］. CentER Discussion Paper 2000 – 52, Tilburg University, CentER, Tilburg, The Netherlands, 2000.

［40］ Huisman K. J. M. Technology Investment: A Game Theoretic Real Options Approach ［M］. Boston: Kluwer Academic Publishers, 2001.

［41］ Huisman K. J. M., Kort. P. M. Effects of Strategic Interactions on the Option Value of Waiting ［R］. Working Paper. Tilburg University, 1999.

［42］ Jensen R. Adoption and Diffusion of an Innovation of Uncertain Profitability ［J］. Journal of Economic Theory, 1982, 27 (2): 182 – 193.

［43］ Joaquin D. C., K. C. Butler. Competitive Investment Decisions: A Synthesis in Brennan and Trigeorgis, Eds, Project Flexibility Agency, and Competition – New Developments in the Theory and Applications of Real Options ［J］. Working Paper, Oxford University, 2000: 324 – 339.

［44］ Katz M. L. An Analysis of Cooperative Research and Development ［J］. The Rand Journal of Economics, 1986, 17 (4): 527 – 543.

［45］ Kawase R, Matsuoka Y, Fujino J. Decomposition Analysis of CO_2 Emission in Long – term Climate Stabilization Scenarios ［J］. Energy Policy, 2006, 34 (15): 2113 – 2122.

［46］ Kester W. C. Today's Options for Tomorrow's Growth ［J］. Harvard Business Review, 1984 (3): 153 – 160.

［47］ Kort. P. M. Optimal R&D Investments of the Firm ［J］. OR – Spectrum, 1998, 20: 155 – 164.

［48］ Lambrecht B, Perraudin W. Options Game ［R］. Working Paper, Cambridge University, 1994.

［49］ Lambrecht B, Perraudin W. Real Options and Preemption under

Incomplete Information [J]. Journal of Economic Dynamics and Control, 2003, 27: 619 – 643.

[50] Lambrecht B, Perraudin W. Real Options and Preemption [R] . Working Paper, University of Cambridge Mimeo, Cambridge, 1997.

[51] Laxman P. R, Aggarwal S. Patent Valuation Using Real Options [J]. IIMB Management Review, 2003 (12): 44 – 51.

[52] Lee J. , Paxson D. A. Valuation of R&D Real American Sequential Exchange Options [J]. R&D Management, 2001, 31 (2): 191 – 201.

[53] Liu Y. Barriers to the Adoption of Low Carbon Production: A Multiple – case Study of Chinese Industrial Firms [J]. Energy Policy, 2014, 67 (2): 412 – 421.

[54] Lukach R, Kort P. M, Plasmans J. Strategic Dynamic R&D Investments [J] . Paper Presented at the 6th Annual International Conference on Real Options, Coral Beach, Paphos, Cyprus, July 2002.

[55] Martin, Siotis, Hernan. An Empirical Evaluation of the Determinants of Research Joint Formation [R]. CEPR Discussion Paper, 2000.

[56] McDonald R, Siegel D. The Value of Waiting to Invest [J]. The Quarterly Journal of Economics, 1986, 101: 707 – 727.

[57] Miltersen K. R, Schwartz. E S. R&D Investments with Competitive Interactions [R]. Working Paper, Norwegian School of Economics and Business Administration, 2003.

[58] Murto P, Keppo J. A Game Model of Irreversible Investment under Uncertainty [J]. International Game Theory Review, 2002, 4 (2): 127 – 140.

[59] Myers S. C. Determinants of Corporate Borrowing [J]. Journal of Financial Economics, 1977, 5 (2): 47 – 176.

[60] Nicholas S. The Economics of Climate Change: The Stern Re-

view [M]. London: Cambridge University Press, 2007.

[61] Oltra V, Jean M. S. The Dynamics of Environmental Innovations: Three Stylised Trajectories of Clean Technology [J]. Economics of Innovation and New Technology, 2005, 14 (3): 189 – 212.

[62] Onno Lint, Enrico Pennings. R&D as an Option on Market Introduction [J]. R&D Management, 1998, 28 (4): 271 – 287.

[63] Pawlina G, Kort P. M. Real Options in an Asymmetric Duopoly: Who Benefits You're Your Competitive Disadvantage? [R]. Working Paper, Tilburg University, 2001.

[64] Pawlina G. , Kort P. M. Real Options in an Asymmetric Duopoly: Who Benefits from Your Competitive Disadvantages? [J] . Journal of Economics & Management Strategy, 2006, 15 (1): 1 – 35.

[65] Pawlina G, Kort. P. M. Strategic Capital Budgeting: asset Replacement under Market Uncertainty [J]. OR Spectrum, 2003, 25 (4): 443 – 479.

[66] Pennings E, Lint O. The Option Value of Advanced R&D. European Journal of Operational Research, 1997, 103 (1): 83 – 94.

[67] Perlitz M, Peske T, Schrank R. Real Options Valuation: The New Frontier in R&D Project Evaluation? [J]. R&D Management, 1999, 29 (3): 255 – 269.

[68] Petit M. L, Tolwinski B. R&D Cooperation or Competition? [J]. European Economic Review, 1999, 43: 185 – 208.

[69] Reinganum J F. Dynamic Games of Innovation [J]. Journal of Economic Theory, 1981, 25 (1): 21 – 41.

[70] Reinganum J. F. A Dynamic Game of R&D: Patent Protection and Competitive Behavior [J]. Econometrica, 1982, 50 (3): 671 – 688.

[71] Reiss A. Investment in Innovations and Competition: An Option

Pricing Approach [J]. The Quarterly Review of Economic and Finance, 1998, 38 (3): 635 – 650.

[72] S. Charies Maurice, Christopher R. Thomas. Managerial Economics [J]. China Machine Press, 2003 (6): 135 – 156.

[73] Schwartz E. S, Gorostiza C Z. Investment under Uncertainty in Information Technology: Acquisition and Development Projects [J]. Management Science, 2003, 49 (1): 57 – 70.

[74] Schwartz E. S, M. Moon. Evaluating Research and Development Investments in Project Flexibility Agency and Competition [M]. Oxford: Oxford University Press, 2000: 85 – 106.

[75] Schwartz E. S. Patents and R&D as Real Options Economic [J]. Notes by Banca Monte dei Paschi di Siena SpA, 2004, 33 (1): 23 – 54.

[76] Sereno L. Real Option and Economic Valuation of Patent [R]. Working Paper, 2007.

[77] Smets F. Exporting Versus FDI: The Effect of Uncertainty, Irreversibilities and Strategic Interactions [R]. Working Paper, Yale University, 1991.

[78] Smit H. T. J, Ankum L. A. A Real Options and Game – Theoretic Approach to Corporate Investment Strategy Under Competition [J]. Financial Management, 1993, 22 (3): 241 – 250.

[79] Smit H. T. J, Trigeorgis L. Strategic Investment Real Options and Games [M]. Princeton: Princeton University Press, 2004.

[80] Somma E. The Effect of Incomplete Information about Future Technological Opportunities on Pre – emption [J]. International Journal of Industrial Organization, 1999, 17 (6): 765 – 799.

[81] Takalo T, Kanniainen V. Do Patents Slow Down Technological Pro-

gress? Real Options in Research, Patenting, and Market Introduction [J]. International Journal of Industrial Organization, 2000, 18: 1105 – 1127.

[82] Tezuka T, Okushima K, Sawa T. Carbon Tax for Subsidizing Photovoltaic Power Generation Systems and Its Effect on Carbon Dioxide Emissions [J]. Applied Energy, 2002, 72 (3 – 4): 677 – 688.

[83] Thijssen J. J. J, Huisman K. J. M, Kort P. M. Strategic Investment under Uncertainty and Information Spillovers [R]. Working Paper 2001 – 91, Center, Tilburg University, 2001b.

[84] Thijssen J. J. J, Van Damme E E C, Huisman K J M, Kort P M. Investment under Vanishing Uncertainty Due to Information Arriving over Time [R]. Working Paper 2001 – 14, Center, Tilburg University, 2001a.

[85] Tom L, Wilde L. L. Market Structure and Innovation: A Reformulation [J]. Quarterly Journal of Economics, 1980, 94 (2): 429 – 436.

[86] Treffers T, Faaij A. P. C, Sparkman J, et al. Exploring the Possibilities for Setting up Sustainable Energy Systems for The Long Term: Two Visions for The Dutch Energy System in 2050 [J]. Energy Policy, 2005, 33 (13): 1723 – 1743.

[87] Trigeorgis L (Eds). Real Options in Capital Investment: Models, Strategies, and Applications [M]. Praeger, Weatport, Connecticut, 1995.

[88] Trigeorgis L. Real Options – Managerial Flexibility and Strategy in Resource Allocation [M]. Cambridge: MIT Press, 1996.

[89] Trigeorgis L. The Nature of Option Interactions and the Valuation of Investments with Multiple Real Options [J]. Journal of Financial and Quantitative Analysis, 1993, 28: 1 – 20.

[90] Wang N, Chang Y. C. The Evolution of Low – carbon Development Strategies in China [J]. Energy, 2014, 68 (4): 61 – 70.

[91] Weeds H. Sleeping Patents and Compulsory Licensing: An Op-

tions Analysis ［J］. Working Paper, Fitzwilliam College, University of Cambridge, 1999a.

［92］ Weeds H. Strategic Delay in a Real Options Model of R&D Competition [J]. Review of Economic Studies, 2002, 69 (3): 729 – 747.

［93］ Wong C. Y, Mohamad Z. F, Keng Z. X, Azizan S. A. Examining the Patterns of Innovation in Low Carbon Energy Science and Technology: Publications and Patents of Asian Emerging Economies [J]. Energy Policy, 2014, 73 (5): 789 – 802.

［94］ Zamparutti A, Klavens J. Environment and Foreign Investment in Cenrial and Eastern Europe: Results from a Survey of Western Corporations ［C］. Paris: DECD Environmental Policies and Competitiveness, 1993: 120 – 129.

［95］ Zhu K, Weyant J. Strategic Exercise of Real Options: Investment Decisions in Technological Systems [J]. Journal of Systems Science and Systems Engineering, 2003, 12 (3): 257 – 278.

［96］ John C. Hull. 期权、期货和其他衍生品［M］. 北京: 清华大学出版社, 2001.

［97］ 安瑛晖, 张维. 期权博弈理论的方法模型分析与发展［J］. 管理科学学报, 2001, 4 (1): 38 – 44.

［98］ 鲍健强, 苗阳, 陈锋. 低碳经济: 人类经济发展方式的新变革［J］. 中国工业经济, 2008 (4): 153 – 160.

［99］ 毕克新, 黄平, 马婧瑶. 低碳经济背景下的低碳技术观［J］. 中国科技论坛, 2013 (9): 107 – 112.

［100］ 波特. 竞争优势 ［M］. 北京: 华夏出版社, 2005.

［101］ 蔡坚学, 邱菀华. 基于信息熵理论的实物期权定价模型及其应用［J］. 中国管理科学, 2004, 12 (2): 22 – 26.

［102］ 蔡强, 邓光军, 曾勇. 随机到达的不完全信息对专利竞赛

的影响[J]. 系统工程理论与实践, 2009, 29 (4): 81-91.

[103] 蔡强, 曾勇. 基于专利商业化投资的非对称期权博弈[J]. 系统工程学报, 2010, 25 (4): 512-519.

[104] 蔡晓钰, 陈忠, 蔡晓东. 个人房产投资的相机策略及其可达性: 一个最优停时分析框架[J]. 数量经济技术经济研究, 2005 (3): 88-96.

[105] 曹国华, 谢忠, 黄薇. 技术创新投资决策的不对称双头垄断期权博弈分析[J]. 华东经济管理, 2009, 23 (2): 137-141.

[106] 陈琼娣. 基于词频分析的清洁技术专利检索策略研究[J]. 情报杂志, 2013, 32 (6): 47-52.

[107] 陈涛, 张金隆, 刘汕. 不确定环境下基于实物期权的 IT 项目风险与价值综合评估方法[J]. 系统工程理论与实践, 2009, 29 (2): 30-37.

[108] 陈文婕, 颜克高. 新兴低碳产业发展策略研究[J]. 经济地理, 2010, 30 (2): 200-203.

[109] 陈小悦, 杨潜林. 实物期权的分析与估值[J]. 系统工程理论方法应用, 1998, 7 (3): 6-9.

[110] 陈珠明. 企业控制权转让的最优时机与均衡价格[J]. 上海交通大学学报, 2011, 45 (1): 105-109.

[111] 陈珠明, 杨华李. 基于实物期权的企业兼并行为分析[J]. 中国管理科学, 2009, 17 (1): 28-35.

[112] 戴和忠. 现实期权在 R&D 项目评价中的应用[J]. 科研管理, 2000, 21 (2): 108-112.

[113] 代军. 企业技术项目价值评估: 考虑技术进步条件下的实物期权方法研究[J]. 科技进步与对策, 2008, 25 (8): 150-153.

[114] 范利民, 唐元虎, 范前进. 期权方法在专利开发中的应用[J]. 管理科学学报, 2004, 7 (5): 56-60.

［115］范龙振，唐国兴．投资机会的价值与投资决策——几何布朗运动模型［J］.系统工程学报，1998，13（3）：8－12.

［116］高坤，吴锋，李怀祖．基于实物期权的 ERP 不确定性投资分析［J］.系统工程理论与实践，2007，27（2）：17－26.

［117］高新宇，范伯元，张红光，李彬．北京市低碳经济发展的考虑及政策建议［J］.中国能源，2010，32（6）：21－23.

［118］龚利，郭菊娥，张国兴．可进入与退出的不对称双寡头投资博弈模型［J］.中国管理科学，2010，18（1）：52－57.

［119］郭斌．现实期权理论与方法在技术创新管理中的应用与发展［J］.研究与发展管理，2002，14（4）：10－15.

［120］何德忠，孟卫东．企业投资决策的期权博弈分析［J］.重庆大学学报，2004，27（10）：164－166.

［121］侯玉梅，朱俊娟．非对称信息下政府对企业节能减排激励机制研究［J］.生态经济，2015，31（1）：97－102.

［122］胡飞，杨明．一类研究与开发（R&D）项目的投资价值［J］.华中科技大学学报（自然科学版），2002，30（6）：76－78.

［123］黄生权．基于实物期权理论的专利权价值评估方法研究［J］.科技进步与对策，2006，23（6）：129－130.

［124］简志宏，李楚霖．杠杆公司破产决策：实物期权方法［J］.系统工程理论方法应用，2001，10（4）：320－324.

［125］蒋天颖，丛海彬，王峥燕，张一青．集群企业网络嵌入对技术创新的影响——基于知识的视角［J］.科研管理，2014，35（11）：27－34.

［126］姜钰．国有林区低碳循环经济耦合发展测度分析［J］.中国软科学，2012（1）：107－115.

［127］寇宗来．沉睡专利的实物期权模型［J］.世界经济文汇，2006（3）：41－51.

［128］ 李先江. 绿色创业背景下顾客绿色抱怨与探索式绿色产品创新的关系研究［J］. 江西财经大学学报，2015（1）：43－54.

［129］ 刘金山，胡适耕，李楚霖. 企业的进入与研究开发策略［J］. 管理科学学报，2003，6（5）：53－57.

［130］ 刘军，龙韬. 基于实物期权的专利权价值评估［J］. 企业技术开发，2005，24（4）：31－33.

［131］ 刘向华，李楚霖. 公司债务与内生破产的实物期权方法分析［J］. 管理工程学报，2005，19（1）：95－99.

［132］ 刘燕娜，洪燕真，余建辉. 福建省碳排放的因素分解实证研究［J］. 技术经济，2010，29（8）：58－61.

［133］ 刘英，宣国良. 现实期权：企业战略投资决策的新视点［J］. 当代财经，2000（2）：61－64.

［134］ 陆小成，刘立. 基于科学发展观的区域低碳创新系统架构分析与实现机制［J］. 中国科技论坛，2009（6）：89－90.

［135］ 罗春华，左小明. 中国低碳经济发展模式及路径研究［J］. 三峡大学学报（人文社会科学版），2012，34（3）：76－80.

［136］ 普雷斯科特. 低碳经济遏制全球变暖——英国在行动［J］. 环境保护，2007（6A）：74－75.

［137］ 齐安甜，张维. 企业并购投资的期权特征及经济评价［J］. 系统工程，2001，19（5）：43－48.

［138］ 沈玉志，黄训江. 基于实物期权理论的投资项目评估方法研究［J］. 数量经济与技术经济研究，2001，18（11）：59－62.

［139］ 孙冰，袭希. 知识密集型产业技术的适应性演化研究——基于 kene 视角的仿真探索［J］. 科学学研究，2012，30（8）：1272－1280.

［140］ 孙利辉，高山行，徐寅峰. 研究合作组织（RJVs）的影响因素及激励模式研究［J］. 研究与发展管理，2002，14（3）：26－30.

［141］ 孙利辉，徐寅峰，高山行. 非对称研究合作组织合作伙伴

选择［J］. 系统工程理论与实践，2003，23（2）：40 – 44.

　　［142］泰勒尔. 产业组织理论［M］. 北京：中国人民大学出版社，1997.

　　［143］谭跃，何佳. 实物期权与高科技战略投资——中国 3G 牌照的价值分析［J］. 经济研究，2001（4）：58 – 66.

　　［144］唐振鹏，刘国新. 基于期权博弈理论的企业产品创新投资策略研究［J］. 武汉理工大学学报（信息与管理工程版），2004，26（1）：109 – 112.

　　［145］涂建明，李晓玉，郭章翠. 低碳经济背景下嵌入全面预算体系的企业碳预算构想［J］. 中国工业经济，2014（3）：147 – 160.

　　［146］王长贵. 沿淮地区发展低碳经济与节能减排途径的探讨——以淮南市为例［J］. 长春大学学报，2015，25（1）：25 – 29.

　　［147］王蔚松. 竞争环境下公司投资战略的实物期权博弈思考［J］. 外国经济与管理，2003，25（9）：19 – 23.

　　［148］王文轲，赵昌文. 研发投资动态多阶段决策模型及其应用研究——基于多期复合实物期权［J］. 软科学，2010，24（01）：12 – 16.

　　［149］王小柳，张曙光. 在投资项目时间有限情况下的期权博弈［J］. 系统工程理论与实践，2011，31（2）：247 – 251.

　　［150］王志亮，王玉洁. 高新技术企业对我国低碳经济发展促进作用的量化分析［J］. 河北经贸大学学报，2015，36（2）：80 – 84.

　　［151］吴建祖，宣慧玉. 经营成本对企业研发投资决策影响的期权博弈分析［J］. 系统工程，2004，22（5）：30 – 34.

　　［152］吴建祖，宣慧玉. 不完全信息条件下企业 R&D 最优投资时机的期权博弈分析［J］. 系统工程理论与实践，2006，26（4）：50 – 54.

　　［153］吴绍波，顾新. 战略性新兴产业创新生态系统协同创新的治理模式选择研究［J］. 研究与发展管理，2014，26（1）：13 – 21.

　　［154］夏晖，曾勇. 不完全竞争环境下不对称企业技术创新战略

投资［J］．管理科学学报，2005，8（1）：30－41．

［155］夏晖，曾勇，唐小我．企业采用新技术的最优时机研究［J］．系统工程学报，2004，19（6）：607－614．

［156］谢军安，郝东恒，谢雯．我国发展低碳经济的思路与对策［J］．当代经济管理，2008，30（12）：1－7．

［157］邢小强，焦睿．实物期权视角下的不确定性、学习与新技术投资决策［J］.科技进步与对策，2011，28（3）：19－22．

［158］熊彼特．经济发展理论［M］．北京：商务印书馆，1990．

［159］徐建中，吕希琛．低碳经济下政府、制造企业和消费群体决策行为演化研究［J］.运筹与管理，2014（6）：81－91．

［160］徐玖平，李斌．发展循环经济的低碳综合集成模式［J］.中国人口·资源与环境，2010，20（3）：1－8．

［161］徐君，高厚宾，王育红．生态文明视域下资源型城市低碳转型战略框架及路径设计［J］.管理世界，2014（6）：178－179．

［162］薛明皋，龚朴．具有专利的 R&D 项目实物期权评价［J］.管理科学学报，2006，9（3）：39－45．

［163］薛明皋，李楚霖．用实物期权分析方法评价高科技公司（英文）［J］．经济数学，2002，19（4）：1－7．

［164］晏艳阳．产品生产专利价值的评估［J］.湖南经济管理干部学院学报，2000，11（2）：28－30，45．

［165］杨春鹏，吴冲锋，吴国富．实物期权中放弃期权与增长期权的相互影响研究［J］.系统工程理论与实践，2005，25（1）：27－31．

［166］杨春鹏，伍海华．实物期权在专利权价值评估中的应用［J］.系统工程理论与实践，2002，22（6）：101－104．

［167］杨明，李楚霖．双头博弈中 R&D 项目从业者的投资期权［J］.青岛大学学报（自然科学版），2004，17（3）：70－77．

［168］杨勇，达庆利．企业产品升级投资决策研究［J］.中国管理

科学，2005，13（1）：65－69.

［169］游达明，朱桂菊. 不同竞合模式下企业生态技术创新最优研发与补贴［J］. 中国工业经济，2014（8）：122－134.

［170］余冬平. 基于竞争互动的实物期权均衡执行战略研究［J］. 系统工程理论与实践，2007，27（5）：12－21.

［171］余冬平，邱菀华. R&D 投资决策的不对称双头垄断期权博弈模型［J］. 系统工程，2005，23（2）：31－34.

［172］张冠群，毕克新. 浅谈低碳经济知识创新体系［J］. 北方经贸，2013（2）：100.

［173］张国兴，郭菊娥，刘东霖. 建设时间和投资成本不对称的双寡头期权博弈模型［J］. 管理科学，2008，21（4）：75－81.

［174］张坤民. 低碳世界中的中国：地位、挑战与战略［J］. 中国人口·资源与环境，2008，18（3）：1－7.

［175］张坤民等. 低碳经济论［M］. 北京：环境科学出版社，2008.

［176］张维，安瑛晖. 项目投资机会价值的竞争影响分析［J］. 石家庄经济学院学报，2002，25（2）：109－114.

［177］张维，程功. 实物期权方法的信息经济学解释［J］. 现代财经——天津财经学院学报，2001，21（1）：3－6.

［178］赵昌文，陈春发，唐英凯. 科技金融［M］. 北京：科学出版社，2009.

［179］赵黎明，陈喆芝，刘嘉玥. 低碳经济下地方政府和旅游企业的演化博弈［J］. 旅游学刊，2015，30（1）：72－82.

［180］赵淑英，程光辉. 煤炭企业低碳技术创新动力的博弈分析及政策取向［J］. 学习与探索，2011（3）：203－205.

［181］赵秀云，李敏强，寇纪淞. 风险项目投资决策与实物期权估价方法［J］. 系统工程学报，2000，15（3）：243－246.

［182］赵滟，安玉发，赵涛．期权博弈理论在不确定性投资决策中的应用［J］．中国农业大学学报，2004，9（4）：88－91，96.

［183］赵志凌，黄贤金，赵荣钦等．低碳经济发展战略研究进展［J］．生态学报，2010，30（16）：4493－4502.

［184］庄贵阳．中国经济低碳发展的途径与潜力分析［J］．国际技术经济研究，2005，8（3）：79－87.

后　记

本书终于可以付梓，有种如释重负的喜悦。在写作的过程中，一度处于惶恐之中，不仅因为书中涉及大量的数学推理和运算，而且越写越发感觉自己知识的不足。

衷心感谢我的导师赵昌文教授，是赵老师引导和带领我走入学术的殿堂，也是赵老师在学术上的严格要求使我打下了坚实的基础。赵老师毫无保留地将他渊博的知识与我分享，使我能在学习与科研中明确方向。"认真"一直是赵老师对我的教诲，很简单的两个字却使我受益终身。无论是在博士学位论文的完成过程中，还是在平时科研活动中，甚至在生活中，我都时刻谨记赵老师的教诲。赵老师渊博的知识、严谨的治学态度、开创性的思路、"默而识之，学而不厌，诲人不倦"的学品师德、认真勤奋的工作态度和热情助人的思想将使我受益终身。

感谢毛道维老师、干胜道老师、黄南京老师、杜江老师、杨安华老师、唐英凯老师、王军老师，是你们毫无保留地传授给我许多经济学和管理学前沿理论与研究方法，让我顺利完成学业。

此外还要感谢我的朋友们：王平、曹麒麟、肇启伟、朱鸿明、蔡小娇、李十六……是你们一次次与我的讨论并及时告知我相关信息，感激之情难以言表，在此一并致谢。

最后，我必须感谢我的家人，是你们的鼓励和爱一直温暖、激励着我。

路漫漫其修远兮，吾将上下而求索！